人生有三宝：立志、好学、奋斗。人，无志不立，不学难行，不奋斗怎能开辟人世间的大道。

——敢峰

人的一生
应当怎样度过

敢峰　著

北方联合出版传媒(集团)股份有限公司
春风文艺出版社
·沈　阳·

图书在版编目（CIP）数据

人的一生应当怎样度过/敢峰著. —沈阳：春风
文艺出版社，2022.9
ISBN 978 - 7 - 5313 - 6273 - 9

Ⅰ. ①人… Ⅱ. ①敢… Ⅲ. ①人生哲学 — 通俗读物
Ⅳ. ①B821-49

中国版本图书馆CIP数据核字（2022）第091430号

北方联合出版传媒（集团）股份有限公司
春风文艺出版社出版发行
http://www. chunfengwenyi. com
沈阳市和平区十一纬路25号　邮编：110003
辽宁新华印务有限公司印刷

责任编辑：韩　喆		责任校对：张华伟	
封面设计：Amber Design		幅面尺寸：145mm × 210mm	
字　数：125千字		印　张：7	
版　次：2022年9月第1版		印　次：2022年9月第1次	
书　号：ISBN 978-7-5313-6273-9		定　价：45.00元	

版权专有　侵权必究　举报电话：024-23284391

如有质量问题，请拨打电话：024-23284384

掌握好人生之舵

　　《人的一生应当怎样度过》，是我1961年创作的，至今已经一个甲子了。写这本书时，我刚30岁出头，正是一个风华正茂的青年人。当时国家正处在"三年困难"时期，中国青年出版社要做一本对青年谈理想、志气和艰苦奋斗的书。出版社经过讨论，找到了我。我那时刚奉命到景山学校开展教学改革试验，虽然势难两顾，但我还是毫不犹豫地接受了。越是困难，就越要有高昂的奋斗精神哪！

　　时代有强音，有中音，有弱音，写这本书，我选择的是时代的强音，而且视为首先是写给自己读的，写时也没有列提纲，以"人的一生应当怎样度过"为主题，大致分为理想、志气和艰苦奋斗三个部分，随情思所至，纵横驰骋，边写边读，边读边写，边写边做调整，自己激励自己。写到高潮处，不禁念出声来，拍案而起。在完稿前，我自己也不知道读过了多少遍，甚至有时也忘了是在读谁写的书。书出版后，在社会上，特别是在广大青少年中，"不胫而走"，反响热烈。这是我始料未及的。是写得多么好吗？还谈不上。这是在思想上、感情上的"同频共振"效应啊！深深触动我的是，报纸报道，某次战斗结束后，一位解放军烈士的随身背包中有两件东西：一个工作笔记本和一本《人的一生应当怎样度过》。这让我既感动，又深受激励！

　　这本书印刷过多次，还出过少数民族文字版和盲文版。

　　最近春风文艺出版社联系上我，提出重新出版《人的一生应当怎样度过》，说这本书不仅在过去对几代青少年产生过巨大影响，当下依然有读者希望看到。我被他们的诚意打动，遂同意了。

　　同意归同意，但终有一个问题要回答。《人的一生应当怎样度过》问世，已经半个多世纪了，有没有"过时"的问题？书的主题，固然是一个永恒的问题，但时代在不断前进，世界在不断变化，而书却是一定时代和历史条件下的产物。为此，作为一个93岁的老人，我又把《人的一生应当怎样度过》重新读了一遍。

经济和社会向前发展了，国家强大了，人民的生活得到明显的改善，教育与科学文化水平空前提高，中国的国际地位举足轻重……但是，我们的时代使命并没有变，时代前进的主旋律并没有变，我们依然任重道远！要用历史的观点和眼光来看这个问题。同时，我仍然热切盼望：由我们新一代的青年回答"人的一生应当怎样度过"。

中国是一个有五千多年历史的文明大国，光照寰宇。当代的中国青少年，生长在这个伟大的时代，真是"天之骄子"。伟大的时代使命在肩，理应不负于天，不负于地，不负于人民，不负于祖先，不负于先烈，不负于子孙后代。既要有大无畏的革命乐观主义精神，又要有忧患意识，为实现中华民族强国复兴而积极进取，不断奋斗。

青年朋友们，期待你们掌握好人生之舵，开启精彩的人生之旅！

2007年5月游黄果树大瀑布时，我曾以《黄果树大瀑布》

为题写诗一首。现在此转赠给各位青年朋友：

> 君自天上来，意欲归何处？
>
> 不恋山间云，悬崖辟作路。
>
> 一身浩然气，化为白练舞。
>
> 青山永无眠，伴君东流去。

一位93岁老人对青年的寄望

作者 敢峰

目　录

开篇　人的一生应当怎样度过

谈人的一生应当怎样度过，谈理想和志气，我想起了一个青年人曾经提出的问题——"宇宙间什么东西最美丽、最宝贵，是青春，是生命，是爱情，是金钱，是西湖之春，还是东海万顷波涛上喷薄欲出的朝日？"

我以为：青春，离开了伟大的理想和奋斗，不过是东流水上漂浮的落花，至多赢得悠闲诗人的叹息。生命，离开了伟大的理想和奋斗，庸碌无为地度过，不过是白白耗费了几十年光阴。爱情，离开了伟大的理想和奋斗，不过是一堆卿卿我我的窃窃私语。

至于金钱，离开了伟大的理想和奋斗，甚至会变成腐蚀灵魂的东西。西湖之春固然是美丽的，古代诗人曾有

"欲把西湖比西子,淡妆浓抹总相宜"之誉,但在南宋时,西湖美景成了昏庸帝王沉湎酒色,苟且偷安以致亡国的讽刺。

南宋偏安临安(也就是现在的杭州)一隅时,帝王贵族不思收复失地,每日耽于美酒歌舞。有位诗人曾痛心地写道:"山外青山楼外楼,西湖歌舞几时休。暖风熏得游人醉,直把杭州作汴州。"

引经据典

诗歌出自宋代林升的《题临安邸》,诗中汴州即开封,北宋的京都。北宋靖康元年(1126年),金人进兵汴梁,俘虏了宋徽宗、宋钦宗两个皇帝,宋高宗即位后以临安为都,大宋君臣只顾在西湖享乐,完全不顾中原国土已被金人侵占。

西湖,只是在属于人民时,才会真正显露出它的惊人美丽。我最喜欢的是东海万顷波涛上喷薄欲出的朝日,在我心中朝日象征着共产主义理想,东海的万顷波涛象征着人民的力量。正因为这样，我至今有一个夙愿，登上泰山之巅，一眺东海日出的壮丽景色。

千百年来，许多人都在探索人生的真谛。什么是人生的真谛？让我们看看奔腾的江河吧。如果是一滴水，或者一块小池塘，那很快就会枯干，而长江大河，多少万年了，却一直奔腾不息。

人生又何尝不是这样呢？个人犹如水滴，只有汇入江河海洋中去，才不会枯干，才有作为，才能寻求对人生真谛的正确理解。

宋朝有位诗人，名叫苏轼，当他与客人泛舟夜游赤壁的时候，也曾从长江想到了人生，发出"寄蜉蝣于天地，渺沧海之一粟。哀吾生之须臾，羡长江之无穷"①的悲叹，或作"自其变者而观之，则天地曾不能以一瞬②；自其不变者而观之，则物与我皆无尽也，而又何羡乎"的感叹。

---

① 蜉蝣：fú yóu，一种只能活数小时的小虫，这里用来比喻人生短促。渺：微小。须臾：一会儿。羡：羡慕。

② 一瞬：眼睛一眨。

引经据典

所引赋文出自北宋文学家苏轼的《赤壁赋》，作于作者贬谪黄州（今湖北黄冈）之时。苏轼被诬作诗"谤讪朝廷"，因写下《湖州谢上表》，遭御史弹劾并被扣上诽谤朝廷的罪名，被捕入狱，后贬至湖北黄州，史称"乌台诗案"。

王若飞说："我生，为真理而生；死，为真理而死。除了真理，没有我自己的东西。"

青史留名

此句为无产阶级革命家王若飞1931年因叛徒出卖被捕后，在狱中时所说。王若飞青年时代曾参加过辛亥革命和讨伐袁世凯运动。后同赵世炎、周恩来等发起成立"旅欧中国少年共产党"，积极从事马列主义的宣传。曾作为中共代表团代表之一，与毛泽东、周恩来赴重庆谈判，同国民党政府签订了著名的《双十协定》。1946 年 4 月 8 日，王若飞乘飞机回延安，因飞机失事于山西兴县黑茶山不幸遇难。

人生的价值，不是用个人的地位、享受以及得失荣辱来衡量的，而要放在时代和历史的天平上来衡量。为真理而奋斗，为人民的利益而奋斗，为时代的使命而奋斗，这才是人生的最高价值。

我们所处的时代，是伟大的时代。这是一个群星灿烂、人才辈出的时代。我们应有立马昆仑、扬帆沧海的英雄气概，站在时代的高山上，看过去，看现在，看未来。

长江百折，终归大海，雄鹰穿云，直上蓝天。

在人类历史发展的长河中，休为江流曲折而折志，莫因江上雾重而彷徨。历史的洪流是什么力量也阻挡不了的。

我们要像江上勇敢机智的船夫那样，紧紧把握住人生之舵，驶过激流，绕开暗礁，飞越险滩，奔向大海。

让那些对伟大事业持否定态度的人站在岸上去指手画脚

吧，"两岸猿声啼不住，轻舟已过万重山"①，历史会教育这些时代的落伍者。借问君家何处是？浪花尖上过一生。为真理和理想乘风破浪，勇往直前，这于人生是最有意义的，是最值得自豪的。

真正伟大的生命，在任何情况下，都能放射出耀人的光芒：有的在年轻时就为革命和人民的利益牺牲了，生命虽然是短促的，却极其光辉；有的是长年累月无声无息地为人民服务、付出，像路灯不倦地放出自己的光亮，不埋怨风雨，也不顾寒冬雪夜，一心一意照亮着行人；有的攻克科学难题，勇攀科技高峰，不畏困难艰险，一心要为祖国图强，为人类造福；有的从青春到白发，呕心沥血培育后代，忠诚教育事业，做辛勤劳动的"园丁"；有的在农村改造山河，像满天繁星闪烁……

任何一个生命的伟大，都因为他是为了祖国，为了人民，为了人类的进步事业。

青年们，在人的一生中，青年时期是具有决定意义的时

---

① 出自李白流放夜郎途中，行经夔州白帝城，遇赦得还，舟行三峡时所作《早发白帝城》。编者注。

期，在这个时期，努力学习和有意识地加强各方面的锻炼是极为重要的。

我们不但希望每个人有一个如花似蜜的幸福童年，而且要有一个努力学习、经受风雨和锻炼的青年时期，这样，将来才能有一个为事业做出更多贡献的壮年时期，最后还要有一个老当益壮的晚年。

春蚕到死丝方尽，蜡炬成灰泪始干。我们要把自己的全部才华，全部光和热，都发挥出来，直到生命的最后一息。

这样的人生，我认为才是最幸福的。青年们，在青年时期做好准备吧。将来，在回首往事时，我们才能毫无愧色地说：我没有虚度这一生！

第一章　理想：人生的灯塔

"谁若游戏人生，他就一事无成；谁不能主宰自己，永远是一个奴隶。"我们来到人间，匆匆几十年，是游戏人生，还是做一番事业？是浪费生命，使韶华空过，还是主宰自己，做创造历史的主人？

引经据典

出自歌德名言。歌德，18世纪中叶到19世纪初欧洲最重要的作家之一。歌德一生思考不辍，著作丰富。他的代表包括《浮士德》《少年维特之烦恼》《普罗米修斯》等。

我想，每一个有志青年都会摈弃前者，选择后者。如果你要做一番事业，那么，就从青年时代开始努力吧，而且"生活的道路一旦选定，就要勇敢地走到底，决不回头"。

引经据典

出自左拉的名言。左拉是法国著名作家，自然主义的创始人。他从28岁到54岁，勤奋写作了26年，终于写完了巨著《卢贡-马卡尔家族：第二帝国时代一个家族的自然的与社会的历史》，其中包括20部长篇小说，登场人物达1200多人。其中重要的有《小酒店》《萌芽》《娜娜》等。

第一节　理想指路

人生的道路是怎样开拓的

人和动物不同，会劳动，有理想。理想是一个人的世界观在奋斗目标上的集中反映。

人的生活有两部分：一部分是物质生活，一部分是精神生活。

人生活在社会上，除了有衣、食、住、行等物质生活方面的问题以外，还有精神生活。物质生活是第一性的，精神生活是第二性的，但精神生活对物质生活又有巨大的反作用。

人的生活，都是以物质生活为基础、以精神生活为统帅的。精神生活的核心就是理想。人树立了某一种理想，就要为实现这一理想而奋斗，人生的道路就是由此而开拓的。

人们的理想是多种多样的。不仅不同的人对未来有不同的理想，就是同一个人，未来的理想也是多方面的：未来的社会是一个什么样的社会，自己将来要成为什么样的人，要做一番什么事业，甚至要有一个什么样的家庭生活，等等，非常纷繁。

但是，不管人们的理想是多么纷繁，其中最主要的还是看待世界的观点和向往什么样的社会，这是奠定一个人整个理想的基础，也是我们识别一个人全部理想的钥匙。

因此，我们看一个人的理想，首先和主要的不是从职业和社会分工上看他将来要做什么，而是要看他的社会理想，看他为追求一个什么样的目标而奋斗。

在我们的社会中，有的从事科学技术工作，有的从事经济工作，有的从事文学艺术工作，有的当教师和医务人员，有的当工人、农民，有的当人民解放军战士，具体分工虽然不同，但我们的理想是共同的，都是为了最后实现共产主义社会的远大理想。

那么，志气又是什么呢？志，就是一个人的志向，也就是我们通常所说的"为……而奋斗"。理想是社会发展规律在我们头脑中展现的一幅未来的美丽愿景，要使理想变为现实，就要从当前实际情况出发，坚定不移，坚忍不拔，分阶段地百折不回地一步一步向前走去。

"无论头上是怎样的天空，我准备承受任何风暴。"这就是志气。理想和志气，不仅给人指出奋斗的方向，而且给人以前进的动力。这样，我们就能勇往直前，为人类造福，这样的人生才是美丽的；相反的，没有理想，在人生的道路上就没有阳光，这样的人生像死水一潭，有什么价值，有什么意义呢？

引经据典

出自拜伦名言。拜伦是英国19世纪初期伟大的浪漫主义诗人。代表作品有《恰尔德·哈罗德游记》《唐璜》等。他不仅是一位伟大的诗人，还是一个为理想战斗一生的勇士。他积极而勇敢地投身革命，在意大利参加烧炭党人活动时，撰写了长诗《青铜时代》，揭露神圣同盟的面目，并于1823年投身希腊民族独立战争。

纵观人类社会的发展，有一个漫长的历史过程。从原始社会到奴隶社会，到封建社会，到资本主义社会，最后到共产主义社会。这是不以人的意志为转移的客观规律。

回顾我国过去几千年的历史，每一个时代，都有那一个时代具有远大理想和雄心壮志的英雄人物，他们的理想和志气是那一时代要求的反映。这种具有远大理想和雄心壮志的人，在我国历史上是很多的。

秦朝末年的陈胜，看到劳动人民深受剥削和压迫，少年受雇于人时就胸怀革命壮志，有"燕雀安知鸿鹄之志哉"的豪言壮语。

公元前209年，他与吴广一起，率众揭竿起义，导致秦王朝的覆亡，在我国历史上开创了农民起义的先声。

唐朝末年农民起义将领黄巢，号称"冲天大将军"，起义前曾作了一首咏菊诗："待到秋来九月八，我花开后百花杀。冲天香阵透长安，满城尽带黄金甲。"这首诗表现了他决心推翻唐王朝的凌云壮志。

后来，黄巢率领数10万大军转战黄河、长江、珠江流域，于公元881年建立了大齐政权。

明朝末年的李自成，在率领农民起义军和官兵作战过程中，虽然遭受严重挫折，但他为了解救劳动人民，矢志不移，英勇作战，经过长期奋斗，终于打进北京城，推翻了明王朝。

在我国历史上，还有许多英雄人物。例如汉朝的苏武出使匈奴，坚持气节，富贵不能淫，贫贱不能移，威武不能屈，被匈奴主流放在冰天雪地的北海边牧羊，在外19年，归汉时，须发尽白。

宋朝的岳飞，为了抗御金兵的侵略，挽救民族的灭亡，立下了"还我河山"的壮志，转战沙场，杀得金兵胆战心惊，最后却和儿子岳云一起被奸贼秦桧害死在风波亭上。

南宋的文天祥奋力抗元，不幸被俘，临危不惧，誓不投降，在《过零丁洋》一诗中写道："人生自古谁无死，留取丹心照汗青。"被害前又写出了动天地、泣鬼神的《正气歌》。

清朝的林则徐，烧禁鸦片，坚决反对帝国主义的侵略，并和当时腐朽的当权者做斗争，后被充军到新疆的伊犁，仍不忘忧国忧民。

这些人，显示着我国自古以来伟大的民族之志，他们之所以能够成为中国历史上的英雄人物，就是由于他们在一定程度上反映了人民群众的愿望，抵御当时外敌的入侵。

另外，除了光耀世界的四大发明，我国历史上还出现了许多科学家、发明家。李冰父子为了解决当时成都平原的水利问题，两代人相继把它作为终生的事业，克服了无数困难，修成了著名的都江堰。

扁鹊深入民间，解除人民疾病的痛苦。黄道婆跑到海南黎族地区，苦心研究，掌握了纺织的技术，改良并制造了纺织工具，把自己的丰富经验无保留地传给别人……

他们的创造、发明提高了劳动生产率，在一定程度上改善了人民的劳动条件和生活。

在历史的发展中，每一个时代先进人物的大志都是那个时代要求的反映，当生产关系阻碍生产力发展的时候，便首先反映到当时先进分子的头脑中，产生变革现状的思想。

当民族和国家遭受外来侵略的时候，抵抗外来侵略的这种需要，便反映在人们的思想上，使他们奋发起来抵御外侮。

当生产的发展需要科学技术急速赶上去的时候，这一需要便反映在一些科学家和劳动者当中，产生革新技术和发明创造的大志，促使生产力快速发展。

在古代，皇帝、贵族和地主占有绝大部分土地，农民有很少的土地或者完全没有土地，要用自己的工具去为别人耕种，并将收成的四成、五成、六成、七成甚至八成以上，作为地租交给地主、贵族和皇室。还有各种苛捐杂税、高利贷剥削和徭役，使人民难以生活下去。

唐朝的诗人白居易在《轻肥①》一诗中描写了地主贵族的

---

① 指豪华的享受，是轻裘肥马的缩语。

奢侈生活和人民受饥挨饿的苦难情况：

> 意气骄满路，鞍马光照尘。
>
> 借问何为者？人称是内臣。
>
> 朱绂皆大夫，紫绶悉将军。
>
> 夸赴军中宴，走马去如云。
>
> 樽罍溢九酝，水陆罗八珍。
>
> 果擘洞庭橘，脍切天池鳞。
>
> 食饱心自若，酒酣气益振。
>
> 是岁江南旱，衢州人食人。[1]

把它译成白话，就是这样的意思：

> 骄横的意气充满道路，鞍马的光彩照耀路途。
>
> 请问这是干什么的人？人家说是太监的威武。

---

[1] 绂：fú，古代系印章的丝绳。绶，shòu，绶带。罍，léi，古时一种盛酒的器具，形状像壶。酝，yùn，酒。擘，bāi，同"掰"，用手把东西分开。衢，qú，衢州，在今浙江省内。

拖着红带的都是大夫，挂着紫带的尽是将军，

耀武扬威赶到营里饮宴，赶马飞跑像一阵飞云。

杯子里斟满最好的酒，席面上罗列着海味山珍，

掰开的鲜果是洞庭金橘，细切的美味是大海的珍

鱼。

吃饱了心情自然欢畅，喝够了精神越发振奋。

这一年江南遭了旱灾，衢州地方饿得人吃人。

这首诗先写那些太监骑着马，趾高气扬地去赴军中宴，又叙述他们喝着美酒、吃着山珍海味的情景，勾出了一幅荒淫无耻的行乐图。接着用两句诗写了另一方面的生活景象："是岁江南旱，衢州人食人。"从这个对比中，我们可以看到，这是一个怎样的黑暗社会呀！

国民党政府统治下的旧中国，人民在帝国主义、封建主义、官僚资本主义三座大山压榨下，生活同样悲惨难言。大家看过《聂耳》这部电影吗？其中有这样一个镜头：

在码头附近的堆栈边、树荫下，张曙等被五六个

码头工人围着。不远处，长长的码头工人队伍在远洋轮船上卸运物资。聂耳用充满感情的声音，低声唱着：

"……眼睛都迷糊了，骨头架子都要散了……"

一个老搬运工人听着，眼里闪着泪花……和唱的人渐渐多了：

"搬哪！搬哪！唉咿哟嗬！唉咿哟嗬！唉咿哟嗬！唉咿哟嗬！笨重的麻袋、钢条、铁板、木头箱，都往我们身上压吧！……"

伴着歌声出现了以下的画面：

麻袋压上老工人的肩；

钢条压上童工的肩；

铁板压上骨瘦如柴的工人的肩；

木箱压上带病工人的肩，他支持不住，瘫痪在地上，大口地喘着气。

歌声："为着两顿吃不饱的饭……"

这就是旧中国劳动人民悲惨生活的写照。

难道就这样一辈子生活下去吗？《码头工人》这首歌回答得好：

得好：

> 不！
> 兄弟们！
> 团结起来！
> 向着活的道路上走！

这不仅是旧中国码头工人的回答，也是自古以来成千上万被剥削、被压迫人民共同的心声。我国历史上数百次农民起义，都反映了这种要求。

但是，由于当时生产力发展水平和社会历史条件的限制，找不到科学的革命理论做指导，以致最后都以失败告终，这是马克思主义产生以前，一切人民革命斗争所共同经历的道路。

中国自从有了科学的共产主义理论，才指引人民从黑暗和灾难的峡谷中走出来，踏上幸福和光明的征途。

过去在国内革命战争中，斗争是非常严酷的，共产党员们被敌人捉去，严刑拷打，但是他们像巍然挺立的青松一样，坚贞不屈。在刑场英勇就义时，仍然斗志昂扬，高呼"共产主义万岁""共产党万岁"，至死不放松和敌人的斗争，至死不放弃共产主义的理想。

夏明翰烈士有四句诗：

砍头不要紧，只要主义真，

杀了夏明翰，还有后来人。

• 青史留名 •

夏明翰出身豪绅家庭，少时违背祖父心愿报考新式学校。后参加学生爱国运动，并任中共湖南省委委员，负责农委工作。曾任中共湖南省委组织部部长、农民部部长，中共长沙地委书记。八七会议后，夏明翰在湖南积极参加组织秋收起义。1928年3月，夏明翰在汉口被敌人逮捕，后在武汉汉口余记里被杀，时年28岁。

"主义真"，就是信仰的主义正确，是反映社会发展规律的真理，因而它是必然要实现的。坚信共产主义，革命先烈就可以在敌人的刑场上，面对荷枪实弹的刽子手，宣告：吃人的旧社会必然灭亡；宣告：无数的后来人会举起他们手中的红旗，向杀害人民的刽子手开火，彻底实现他们的理想。

陈然烈士被国民党特务逮捕后，受尽各种酷刑，特务逼他写自白书，迫使他背弃共产主义理想，背叛党的组织，他严词拒绝，在激怒中慷慨地写下了题为《我的"自白书"》这首诗：

> 任脚下响着沉重的铁镣，
> 任你把皮鞭举得高高，
> 我不需要什么"自白"，
> 哪怕胸口对着带血的刺刀！
> 人，不能低下高贵的头，
> 只有怕死鬼才乞求"自由"，
> 毒刑拷打算得了什么？
> 死亡也无法叫我开口！
> 对着死亡我放声大笑，
> 魔鬼的宫殿在笑声中动摇，

这就是我——一个共产党员的"自白",

高唱凯歌埋葬蒋家王朝!

• 青史留名 •

陈然,河北省香河县人,1939年加入中国共产党。曾任中共重庆地下组织主办的《挺进报》特别支部书记并负责《挺进报》的秘密印刷工作。新中国成立的消息传到监狱时,他和战友们抑制不住激动的心情,亲手缝制了一面五星红旗。

1949年10月28日,陈然和其他战友一起从白公馆、渣滓洞被提出,在大坪枪杀。当反动派罪恶的枪口对准他们时,陈然和战友们高呼:"毛主席万岁!""中华人民共和国万岁!"而后壮烈牺牲,年仅26岁。

陈然这首诗洋溢着对共产主义必胜的坚定信心,洋溢着无产阶级革命战士的磅礴的英雄气概。

他英勇就义时才26岁。我们的烈士在微笑着倒在血泊里的时候,看到的不是自己的死亡,而是旧世界的破船将在人民革命的大海中沉没，新世界的大厦将在祖国大地上巍然耸起。

一个真正的无产阶级战士，他对共产主义必胜的信念，是敌人的屠刀杀不灭、斩不断的。方志敏曾经这样写道：

敌人只能砍下我们的头颅，

决不能动摇我们的信仰！

因为我们信仰的主义，

乃是宇宙的真理！

为着共产主义牺牲，

为着苏维埃流血，

那是我十分情愿的啊！

· 青史留名 ·

方志敏，中国无产阶级革命家、军事家，杰出的农民运动领袖。20世纪二三十年代，他领导了江西的农民运动和武装斗争，创建红十军，建立赣东北—闽浙（皖）赣革命根据地。1935年1月，方志敏在江西省玉山县山区遭国民党军重兵包围被捕。他在狱中写下了《可爱的中国》《清贫》《狱中纪实》等名篇。
1935年8月6日，方志敏在南昌英勇就义。

这首短短的诗，说出了无产阶级战士们对共产主义理想这样坚定不移、牢不可破的原因。

刘少奇说："在我们共产党员看来，为任何个人或少数人的利益而牺牲，是最不值得、最不应该的。但是，为党、为阶级、为民族解放，为人类解放和社会的发展，为最大多数人民的最大利益而牺牲，那就是最值得、最应该的。我们有无数的共产党员就是这样视死如归地、毫无犹豫地牺牲了他们的一切。'杀身成仁''舍生取义'，在必要的时候，对于多数共产党员来说，是被视为当然的事情。这不是由于他们的个人的革命狂热或沽名钓誉，而是由于他们对于社会发展的科学的了解和高度自觉。除了这种最伟大、最崇高的共产主义道德以外，在阶级社会中没有什么比这更伟大、更崇高的道德。"①

要革命就会有牺牲。"为有牺牲多壮志，敢教日月换新

---

① 出自刘少奇《论共产党员的修养》。编者注。

天。"①胜利的道路是由烈士的鲜血铺成的。为共产主义理想的实现铺平胜利路，这就是我们先烈们生命的最大意义和最高价值！

第二节　真理的力量

我们生活在这一时代，应该了解这一时代国家的思想。

共产主义者不是空想主义者，而是辩证唯物论者和历史唯物论者，是脚踏实地按照社会发展规律办事的人。

让我们先简单地回顾一下从空想主义到科学共产主义的发展过程。翻开历史，早在我国古代的《礼记》中就有"大同"的思想，下面是《礼记》中对"大同"思想的描述：

大道之行也，天下为公，选贤与能，讲信修睦。故人不独亲其亲，不独子其子，使老有所终，壮有所用，幼有所长，矜、寡、孤、独、废疾者皆有所养，

---

① 出自毛泽东诗歌《七律·到韶山》。编者注。

男有分，女有归。货恶其弃于地也，不必藏于己；力恶其不出于身也，不必为己，是故谋闭而不兴，盗窃乱贼而不作，故外户而不闭。是谓大同。

这种"大同"思想是以原始社会为"模式图"的，后来成为我国封建社会中影响最大的一种空想主义，由于它建立在主观臆想的基础上，在地主阶级占统治地位的封建社会里，是根本没有实现的可能性的。

在农民中也有种种空想主义。东汉末年，农民起义军首领张鲁，在汉中实行了一种空想的政治、经济纲领，大致有：一、设置义舍，放着义米，让过路人量腹取足；二、对犯法的人先进行说服教育，宽宥三次再行刑；三、打破阶级统治，以祭酒（五斗米道的首领）等替代官吏；等等①。

在当时历史条件下，这些措施虽然受到广大劳动人民的拥护，但是，这是一种空想主义，也是不可能成功的。

---

① 见陈寿《三国志·张鲁传》："诸祭酒皆作义舍，如今之亭传（古代驿站，为传递政府文书的人中途更换马匹或休息、住宿的地方）。又置义米肉，悬于义舍，行路者量腹取足；若过多，鬼道辄病之。犯法者，三原，然后乃行刑。不置长吏，皆以祭酒为治，民夷便乐之。"

世界各国历史上曾出现过各种空想主义，最著名的有莫尔、圣西门、傅立叶、欧文等空想社会主义者。莫尔著有《乌托邦》一书，书中描述了在臆想的乌托邦岛上所建立的理想国和合理地组织起来的人们的社会生活。

但是，他根本没有考虑怎样在现实世界里真正去实现这种理想，只是虚幻地描述了它。"乌托邦"一词来自希腊文，原意是不存在的地方。

自莫尔写了这本书以后，"乌托邦"就成为通用的一个名词，用来指对理想社会制度的空想学说了。

再说西欧的空想社会主义，欧文是19世纪伟大的空想社会主义者之一，他从1800年到1829年，在苏格兰管理纺织大工厂工作，期待在工厂中实现他的理想。

用他自己的话来说，他的任务是要发现一种方法，借以改善贫苦阶级的生活条件，同时又有利于企业主。

为了达到这个空想的目的，他在工厂里采取了一系列的措施，来改善工人劳动和生活的条件。他企图依靠资产阶级的开明来实现自己的理想。

他确信自己的理想是可以实现的，所以他到美国去，在那里组织了一个名为"新协和"的"共产主义新村",按照他的空想社会主义进行试验,但遭到了失败。

直到在美国因试行自己的理想而变得一贫如洗时,他才逐渐接近工人运动,但他仍然是一个空想社会主义者。

这种空想社会主义,由于不是根据社会发展的规律,而是从主观臆想出发,脱离了现实的斗争,因此,除了给人以一种对未来的美好希望外,并没有能动剥削制度和反动统治者一根毫毛。

只有马克思、恩格斯,集中了人类一切先进思想最优秀的成果,总结了工人运动的经验,发现了社会发展的规律,创立了科学的共产主义学说,领导工人阶级和劳动人民起来革命,才把工人阶级和劳动人民真正引向了解放的道路。

1871年的巴黎公社,是一场划时代的伟大革命,是无产阶级企图推翻资本主义制度的、具有全世界意义的第一次演习。虽然巴黎公社只存在了72天,但公社的原则和革命精神是永存的。

巴黎公社的公社委员、伟大的诗人欧仁·鲍狄埃的《国际歌》,把这个理想传遍了全世界:

起来，

饥寒交迫的奴隶，

起来，

全世界受苦的人！

满腔的热血已经沸腾，

要为真理而斗争！

旧世界打个落花流水，

奴隶们，

起来，

起来！

不要说我们一无所有，

我们要做天下的主人！

这是最后的斗争，

团结起来，

到明天，

英特纳雄耐尔就一定要实现。

…………

列宁写道："一个有觉悟的工人，不管他来到哪个国家，不管命运把他抛到哪里，不管他怎样感到自己是异邦人，言语不通，举目无亲，远离祖国，——他都可以凭《国际歌》的熟悉的曲调，给自己找到同志和朋友。"

· 青史留名 ·

弗拉基米尔·伊里奇·列宁，俄国人。无产阶级革命家、政治家、理论家、思想家。列宁是世界上第一个社会主义国家的缔造者，也是世界上第一个无产阶级执政党的创建者。他成功地领导了俄国十月社会主义革命，使社会主义由科学理论转变为伟大实践。

欧仁·鲍狄埃，法国的革命家、法国工人诗人，巴黎公社的主要领导人之一，也是《国际歌》的词作者。

"青山遮不住，毕竟东流去"

每当前一种社会为后一种社会所代替的时候，也都经历过一个较长时期的、曲折的甚至是反复的斗争过程。

长江是要东流入海的，但在东流入海的过程中，有时北折，有时南回，甚至有时西流，这些，并不能改变它东流入海的总方向。人类社会的发展不也是这样吗？

因此，当历史走在某些曲折道路或者出现某种复杂情况的时候，当事业受到暂时挫折和遇到严重困难的时候，我们应当坚持必胜的信念，像巍峨的高山那样，有狂风吹不倒、云压不低头的英雄气概和坚毅精神。

认识社会的发展规律，具有坚定的信念，这对我们观察世界形势的变化，分清时代的主流、支流和逆流，选择人生的道路，是至为重要的。

这样，在为理想而奋斗的过程中，不管碰到什么失利的情况，也不管遇到任何困难和任何风浪，都能高挂征帆，破浪前行。

拜伦曾说："前进吧！——这是行动的时刻，个人又算得什么呢？只要那代表了过去的光荣的星星之火能够传给后代，而且永不熄灭就行了。

"这不是什么某个个人，甚至千万人扬名的问题，而是自由的精神必须传播的问题。撞在岸上的波浪一个一个地溃散了，但是海洋总之获得了胜利。它淹没了西班牙舰队，它磨损了岩石，而且……它不只毁坏了一个世界，也创造了一个世界。

"同样，不管个人的牺牲如何，伟大的事业将聚积力量，扫荡一切粗粝，肥沃一切可种植的地方。因此，在这种时刻，绝不应该有任何纯粹自私的打算。"

比起封建主义来，资本主义是历史上的一个巨大进步，但是资本主义的发家史是一部血泪斑斑的剥削史和掠夺史。

资本主义的原始积累是非常残酷的，它使大批农民和城市小手工业者破产，成为一无所有的无产阶级，成为供他们剥削、为他们创造财富的劳动力和后备军（失业大军）。他们掠夺殖民地，甚至从非洲贩卖黑人。

马克思曾一针见血地指出："资本来到世间，从头到脚，每个毛孔都滴着血和肮脏的东西。"

引经据典

　　《所谓原始积累》出自《资本论》，《资本论》全称为《资本论：政治经济学批判》，是德国思想家卡尔·马克思创作的政治经济学著作，跨越了经济、政治、哲学等多个领域。马克思在《资本论》中以唯物史观的基本思想作为指导，通过深刻分析资本主义生产方式，揭示了资本主义社会发展的规律，并使唯物史观得到科学验证和进一步的丰富发展。

　　在我们这块国土上，无数革命先烈流血牺牲，为我们打下了江山，争得了不受剥削、不受压迫的权利，我们应怀着中华民族的自尊心、自豪感和爱国豪情在这块土地上奋发图强，勇敢地肩负起时代的重担，继续前进。

　　现在我们的社会上虽然还存在着许多积弊和不合理的现象，但决不可因此丧失前进的信心，而要从对积弊不满走向立志改革。

　　让我们看看大海中的航船吧。航船在海洋中航行，驶向远方的目的地，尽管大浪滔天，四望无际，看不见陆地的影子，但是，任何一个真正的水手，谁会怀疑航船必将战胜惊涛骇浪到达港口呢？天也苍苍，海也茫茫，仰望北斗，扬帆远航。

"青山遮不住，毕竟东流去"，曲折和回流决计改变不了历史发展的方向，唐人王勃在《滕王阁序》一文中的名句"落霞与孤鹜齐飞"，曾使一些人叹羡不已，其文字固然很美，但描写的不过是一幅黄昏的残景。

　　雪压竹头低，低下欲沾泥，

　　一朝红日起，依旧与天齐。

引经据典

　　出自方志敏的《咏竹》，作此诗后不久方志敏便于江西玉山被捕。诗中以竹之韧劲自比革命党人的坚韧不拔，比喻即便在困难环境下不得不蛰伏低头，但一旦形势回转，有志之士依然会贯彻信仰，重新振作。

青年们，未来是属于我们的。

第三节　理想在青年时生根

真正伟大的人生从树立远大理想开始

真正伟大的人生，闪耀着光辉的生命，不是从婴儿呱呱落地开始，也不是从幼稚无知的孩子开始，而是从思想启蒙后树立远大理想开始。大凡对人民有重大贡献的人，多是在青少年时期就树立起远大理想的。

毛泽东在青少年求学时期，亲眼看到帝国主义对中国的欺侮和侵略，地主、军阀、官僚对人民的剥削和压迫，国家四分五裂，灾难深重，他就立下了为人民求解放的伟大志向，提出要改造中国与世界。

他日日夜夜从读书读报中，从与师友讨论中，从实际考察中，寻求拯救中国、解放人民的道路。1915年，好友易昌陶逝世时，毛泽东写了一首长诗悼念亡友和表达他的爱国主义情怀。其中有四句是：

东海有岛夷，

北山尽仇怨。

荡涤谁氏子？

安得辞浮贱。

这四句诗的意思是说，我国东边是日本帝国主义，北边是沙皇俄国。谁去斩断它们的侵略魔爪呢？要靠我们青年一代。我们决不能以为自己出身贫贱，就不去担当这救国救民的重任。

这一年5月7日，袁世凯政府承认了日本帝国主义提出的"二十一条"要求，毛泽东在一本揭露袁世凯卖国罪行的小册子《明耻篇》的封面上奋笔疾书："五月七日，民国奇耻。何以报仇？在我学子。"

他团结进步师生同卖国政府进行针锋相对的斗争，还常常勉励一些进步的青年：要有理想，要有雄心壮志，不要追求个人名利，不要打做官发财的主意。古来那些舍身救世，为国忘家，先天下之忧而忧，后天下之乐而乐的人，才值得学习。

他批判地研究了各种有关救国救民的学说，研究了社会历史，注意分析各种思潮，成立了以改造中国为奋斗目标的新民学会。橘子洲头，爱晚亭上，毛泽东与同游的好友，指点江山，激扬文字，革命的豪情如电掣雷鸣，划破了黑暗的天空。

毛泽东亲笔写了许多文章，号召大家什么也不要怕：天不要怕，鬼不要怕，死人不要怕，官僚不要怕，军阀不要怕，资本家不要怕。

周恩来总理从小立志"为中华之崛起"而读书，青年时期他是五四运动中冲锋陷阵的战士，是天津学生运动的领袖之一。为了唤醒学生和民众，他组织了觉悟社，出版《觉悟》刊物。

1920年11月，周恩来和觉悟社的部分社员漂洋过海，到法国勤工俭学，如饥似渴地学习马克思、恩格斯、列宁的著作，和法国工人交朋友，决心要为"共产花开""赤旗儿在全球飞扬"而战斗到生命的最后一息。

周恩来在法国加入了中国共产党后，担任中国共产主义青年团旅欧总支部书记和中共旅欧总支部委员。回国后，在几十年的革命斗争中，始终在为中国人民和世界人民的革命事业呕心沥血，直到病危的时候，还反复吟唱《国际歌》："团结起来到明天，英特纳雄耐尔就一定要实现！"

为祖国的前途、人类的理想展翅高翔

理想是前进的灯塔，在它的照耀下，一幅未来的波澜壮阔的雄伟画卷展现在我们面前。青年人要树立远大的革命理想，必须把自己的思想从个人鼻子尖下的狭小天地里解放出来，放眼于国家和人民，放眼于未来。

这就要解决好两个根本问题：一个是个人与集体的关系，一个是眼前利益与长远利益的关系。只有将个人的理想同整个国家和人民的命运结合起来，将眼前的利益同长远的利益结合起来，为国家的前途、人类的理想而奋斗，这样的理想才真正是远大的。

讲前途首先要讲我们国家的前途，个人的幸福寓于国家的富强和人民的幸福之中。认清社会发展的规律，使自己的理想深深扎根于人民之中，为人民谋利益，这是我们树立远大革命理想的根本目的，又是我们为实现远大革命理想而奋斗的力量的源泉。

我们这一代青年是大有希望的，大多数青年都是努力学习、认真思考、立志改革、奋发向上的。

但是，也应当看到，在有些青年中，流行着一种所谓"看透"的思想，认为讲远大的革命理想是空的，没有用。

谁要讲为人民服务，他们便认为这是说假话，谁要为人民服务，他们便讥笑这是"傻瓜"。

这些青年自以为"看透"了人世间的一切，"看透"了人生，"看透"了政治，"看透"了社会，"看透"了现实，失去了青年人应有的远大理想和朝气，有的人甚至还信奉起一套"人不为己，天诛地灭"的人生哲学来了。

清人编的《笑笑录》中有一则《徐行雨中》的笑话："有徐行雨中者，人或迟之，答曰：'前途亦雨。'"

我们应当从这个笑话中得到一些启示。人生的路上总会有风风雨雨的，不会一帆风顺。难道因为"前途亦雨"，我们就可以"徐行雨中"吗？大浪淘沙，青年人要做飞掠浪头的海燕，不要做时代的落伍者，更不要同泥沙混在一起被滚滚东流的波涛所吞没。

还有些青年人从消极苦闷转向追求利己，他们的所谓理想是"工资多点，工作轻点；找个称心的对象，置一套好家具，建立一个美满幸福的小家庭"，以为这就是人生的一切。

对国家大事不关心，认为只有个人的吃喝玩乐才是实实在在的东西，其他都是空的。这是在庭前檐下低飞着为自己筑窝觅食的"燕雀"式的理想，是不太可取的。我们应当有"鸿鹄之志"，为祖国的前途、人类的理想而展翅高翔。

泰戈尔曾经在一首诗中写道：

在这新时代觉醒的黎明，

你为什么，聪明的愚人，顾虑重重，彷徨不定，

错过一切重新开始的机会，

却把自己的思想倾进疑惧的无底深坑？

像一支和顽强的崖口进行搏斗的狂奔的激流，

你应该不顾一切纵身跳进你那陌生的不可知的

命运，

然后，以大无畏的英勇把它完全征服，

不管有多少困难向你挑衅。

我们怎能消极、苦闷，把自己的思想倾进利己的深坑？我们应当像一支奔腾的激流，征服前进途中的各种困难，奔向美好的明天。

生活在新时代的青年人，应该树立远大的理想。青年是国家和社会的未来，青年们有没有远大的理想，是关系到国家前途命运的大问题。教育青年具有远大的理想，是历史和时代的要求。

其次，青年们要进步，要健康成长，也非树立远大的理想不可。理想、思想是行动的向导。

一个青年树立了远大的理想，他就会变得高尚起来，就会从庸人的鼠目寸光中，从苟且偷安和贪生怕死中，从"蜗牛"式的生活中解放出来，他的思想就会冲破个人狭小的牢笼，升华到一个新的境界，从全人类的根本利益出发来考虑一切问题。

奥斯特洛夫斯基曾经说过："人生最美好的就是在你停止生存时，也还能以你所创造的一切为人民服务。"我们来到人世间，不管能力大小，总要为人类做出一点有益的贡献哪！

我们常谈到生命问题，通常谈的生命是指躯壳的寿命。然而，人最重要的是精神上的生命。

本来，人的生命都是短促的，人的一生只能有几十年以至一百多年，但是人的伟大理想光辉，却可以闪耀几百年，几千年，以至永垂不朽。王充有云："身与草木俱朽，声与日月并彰。"

引经据典

出自王充著《论衡·自纪》。王充，字仲任，出生于会稽上虞（今属浙江绍兴）。东汉思想家、文学批评家。《论衡》细说微论，解释世俗之疑，辨照是非之理，即以"实"为根据，疾虚妄之言。"衡"字本义是天平，《论衡》就是评定当时言论价值的天平。目的是"冀悟迷惑之心，使知虚实之分"。

一个人的理想的生命，比他的躯壳的生命要长得多，宝贵得多。

我们的肉体在宇宙间是速朽的，但我们的理想可以透过时间的屏障，在历史的原野上奔驰。许多革命先烈生活在资本主义时代，他们的理想却驰骋在共产主义的锦绣河山上。

人生之所以有意义，就因为有伟大的理想，终生为实现这个伟大的理想奋斗，以速朽之躯，创造人世间不朽的伟业。如果只在吃喝玩乐中混日子，纵然能活百岁，又有什么意义呢？李大钊同志说："吾人投一石子于时代潮流里面，所激起的波澜声响，都向永远流动传播，不能消灭。"

引经据典

出自李大钊散文名篇《"今"》，发表于1918年，正值五四运动前夜。李大钊作为启蒙运动的先觉者、五四精神的先驱，在这一个时期写了不少杂文，积极宣传新思想。他于1916年发表《青春》，以激情洋溢的语言宣传破旧立新的思想，主张"冲决过去历史之网罗，破坏陈腐学说之囹圄"，热情赞美青春的力量。《"今"》可以看作是《青春》的姊妹篇。

我们人生能对人类做出一点贡献，不就是投一石子于历史的长河之中吗？人生天地间，虽然个人的一生像天空中浮游的水蒸气的水珠那样渺小，但为了一个共同的目标汇集起来，就可以形成巨大的力量，干出惊天动地的事业，放出绚烂夺目的光辉。

在人类的历史长河中，我们这个时代是天翻地覆的伟大时代，我们为理想而艰苦奋斗，是值得引以为豪的。我们不要辜负了这个伟大的时代。

贺龙说得好："伟大的事业在等待我们，每个同志都要有事业精神，不要只看见眼前的事情，而要有黄河之水那样的伟大气魄……"

第二章　立志：推开事业之门

立志，是事业的大门，也是踏上伟大人生之途的大门。

帆船破浪远行要有挂帆的桅杆，高楼大厦耸然挺立要有支柱和骨架，人要有所作为，就要立志。志气是一个人的精神支柱。

我们这个时代是人才辈出的时代，应当有更多的青年成为国家栋梁之材。今天，我们讲立志，核心问题是要奋发图强，使自己成为对祖国强盛做出积极贡献的人才。

这是时代的要求，也是我们立志的根本出发点。离开了这个根本出发点，任何关于立志的美好愿望和高谈阔论，都会沦于幻灭，甚至走入歧途。

志，是主观的、精神的东西，从思想上看，有两种：一种是唯物主义的，一种是唯心主义的。其分界线在于是否正确地反映实际，是否合乎客观规律。要立志，就要正确地认清时代的要求，下决心为它奋斗。

个人欲望的不断膨胀，算不得是立志，而是逆历史的潮流而行，将被历史的潮流所淹没。

第一节　当代青年的使命

20世纪初，李大钊在《〈晨钟〉之使命——青春中华之创造》中曾写道："过去之中华，老辈所有之中华，历史之中华，坟墓中之中华也。未来之中华，青年所有之中华，理想之中华，胎孕中之中华也。"

现在，中国正如朝日一样蓬勃升起。我们要以革命先辈为榜样，炼成一副铁肩，挑起新的重担，把我们伟大的祖国建设成"理想之中华"。

《〈晨钟〉之使命——青春中华之创造》是李大钊1916年8月15日为《晨钟报》创刊号所做的发刊词，也是李大钊创造青春之中华思想的集中体现。

中国，我们的母亲

翻开世界地图，七大洲、四大洋一起收入我们的眼底。中国像一个巨人，屹立在世界的东方，太平洋上的海风在吹拂着它的头发。如果有人问："在这世界上你最爱什么地方？"我想同志们一定会毫不犹豫地回答："我最爱我的祖国。"

闻一多在一首《忆菊》诗中表达了对祖国的热爱：

习习的秋风啊！吹着，吹着！

我要赞美我祖国的花！

我要赞美我如花的祖国！

请将我的字吹成一簇鲜花，

金的黄，玉的白，春酿的绿，秋山的紫……

然后又统统吹散，吹得落英缤纷，

弥漫了高天，铺遍了大地！

我们祖国的伟大与可爱，是说不完道不尽的。我们的国家，是一个幅员辽阔的国家，面积960万平方公里，接近于整个欧洲的面积（1016万平方公里）。

我国领土的广大从全国时间的差距上也可以看出来，当新疆西部早晨5点钟，人们正准备起床的时候，黑龙江东部已经是9点半，人们已经吃过早饭了。

领土的广大还表现在南北气候的差异上，在1月份，当海南岛的温度是19摄氏度的时候，黑龙江却还在零下27摄氏度。

祖国的江山是富饶美丽的。长江、黄河、珠江、黑龙江、淮河，在祖国的大地上日夜奔流不息。昆仑山脉、天山山脉、阿尔泰山脉、喜马拉雅山脉等，绵延起伏，高耸云霄。

在西南，有著名的青藏高原，海拔多在4000至5000米。高达8848.86米的世界最高峰珠穆朗玛峰，就在我国同尼泊尔的接界处。

西北的黄土高原，是我们祖先发祥之地，也是我国伟大文化的摇篮。

长江中下游平原、珠江三角洲等，土壤肥沃，灌溉便利，被称为"鱼米之乡"。宽阔的东北平原，出产驰名世界的大豆、高粱，还有丰富的矿藏。

华北平原沃野千里，一望无际，在它的北端，有我们伟大的首都北京。此外，还有云贵高原、东南丘陵、塔里木盆地等，矿产丰富，森林茂密，水草肥美……

我们的祖国，正如毛泽东所说："在这个广大的领土之上，有广大的肥田沃地，给我们以衣食之源；有纵横全国的大小山脉，给我们生长了广大的森林，贮藏了丰富的矿产；有很多的江河湖泽，给我们以舟楫和灌溉之利；有很长的海岸线，给我们以交通海外各民族的方便。从很早的古代起，我们中华民族的祖先就劳动、生息、繁殖在这块广大的土地之上。"[1]

---

[1] 出自毛泽东《中国革命和中国共产党》。编者注。

中国人民自古以来就是勤劳勇敢的人民，晁错语："春耕夏耘，秋获冬藏……春不得避风尘，夏不得避暑热，秋不得避阴雨，冬不得避寒冻，四时之间，亡日休息。"

引经据典

出自汉代晁错的《论贵粟疏》，源自《汉书·食货志》，是当时晁错给汉文帝的奏疏。文章全面论述了"贵粟"，即重视粮食的重要性。

比如为了保证农业的收成，我们的祖先几千年来一直和洪水搏斗，大量建设灌溉工程，建设运河和内陆水运网。

在远古时，相传大禹治水，顺着水性，因势利导，在我国历史上第一次确定了黄河出海的河道，为中华民族打下了在黄河中下游生息繁殖的基础。

以后历朝许多杰出的水利工程家，如李冰、郑国、贾让、王景、潘季驯、陈潢等，和人民一道运用了许多方法，如筑堤防溢、建坝减水、以堤束水、以水攻沙等等，除水患，和洪水做斗争。

我国人民的勤劳、智慧和改造自然的力量堪称伟大。

2200年前秦始皇的朝代，劳动人民使用极简单的工具和技术开始建筑了一座无比雄伟的长达5000多公里的长城。

1400年前隋朝开辟的京杭大运河，是世界上里程最长、工程最大的古代运河，也是最古老的运河之一，与长城、坎儿井并称为中国古代的三项伟大工程。这些工程，至今仍受到全世界的赞美和景仰。

我们的民族是世界文明发达最早的民族之一。早在距今3600年以前的殷代，中国就有了甲骨文字。

2300年以前中国就发明了指南针。1900年以前蔡伦改进了造纸术。1300年以前发明了雕版印刷。900年以前毕昇发明了活字印刷术。中国的罗盘、造纸、印刷和火药的发明，到元代才传到欧洲去。

农业方面，约7000多年前，我国人民便已开始种稻，栽培着野生的豆类食物，种植着种类繁多的蔬菜。

缫丝也是我国古代人民的伟大发明之一。在数学上、天文学上，我国古时都走在世界的前列。

中国古代的文学、哲学、艺术在世界上也都闪烁着灿烂的光辉。

我们的民族是富有革命传统的民族。以汉族的历史为例，在2000多年封建社会里，曾爆发了几百次农民起义，动摇了剥削阶级的统治，推动了社会的发展。

在反抗入侵压迫方面，可歌可泣的事迹更是层出不穷。仅以宋朝为例，就出现了岳飞、韩世忠、陆秀夫、张世杰、文天祥等英雄人物，而反金的人民队伍，如"民兵""义兵"等，在山东、山西、河南、河北到处都有。

其中最著名的是河北、河东地区人民组织的抗金义军"八字军"，七百壮士在王彦领导下，当金兵攻占汴京时，退入太行山，坚持斗争十多年。他们在脸上都刺上了"赤心报国，誓杀金贼"八个字，以表示杀敌的决心。

明末反抗清兵入侵时，壮烈的英雄事迹真是动天地、泣鬼神。阎应元领导下的江阴人民的守城斗争，竟以一座孤城抵抗清兵24万人，支撑81日。城被攻破时，他们仍顽强抵抗，终慷慨就义。

侯峒曾在嘉定领导人民抗清，清兵斩关登城，侯峒曾坐城楼指挥战斗，声色不变。他的两个儿子惊问："事坏了，怎么办?"侯峒曾从容地回答:"死就是了,慌什么?"

后来清兵屠城,城中军民被杀两万余人,没有一个人投降,这就是"嘉定三屠"①,崇高的气节令人慨叹。

鸦片战争以来,我国各族人民奋起反抗帝国主义的侵略,后来又在中国共产党的领导下推翻压在人民头上的帝国主义、封建主义、官僚资本主义三座大山,其中可歌可泣的事迹更是几天几夜也说不完的。

我们的国家之所以可爱,最主要的在于我们的国家是人民当家做主的社会主义国家。

今天我们讲爱国主义,最根本的是要爱我们正在进行的强国的伟大事业。这是我们爱国主义的灵魂。我们要把爱国情感建立在马克思列宁主义的基础上,建立在对我们国家性质的正确认识上。

我们热爱祖国,因为她是我们的母亲。她是世界上多么好的一个母亲哪,过去她备受帝国主义的蹂躏,含辛茹苦,用她的乳汁哺育着几亿人民;她是那样坚强,终于熬过了漫漫黑

---

① 嘉定三屠:指公元1645年(南明弘光元年,清朝顺治二年),清军攻破嘉定后,三次对城中平民进行大屠杀的事件。编者注。

夜，在中国共产党的领导下，迎来了新时代的黎明。

祖国，亲爱的母亲哪，我们有一颗热爱你的赤诚的心。请你相信，你的儿女们是有远大的理想和崇高的思想品德的，是勤劳勇敢的，是有志气、有出息的。

1924年，印度伟大诗人泰戈尔来中国时曾说："我相信，你们有一个伟大的将来。我相信，当你们的国家站起来，把自己精神表达出来的时候，亚洲也将有一个伟大的将来——我们将分享这个将来带给我们的快乐。"

前面说过，我国的人民很早就走在世界经济和文化的前列。但是，自从1840年鸦片战争以后，帝国主义的侵略和封建统治的腐败，造成国家的极度贫困和落后。国民党统治时期，也仍然是民不聊生。

新中国成立前，我国工业生产不到国民经济百分之十，文盲占全国人口百分之八十以上。那时不但不能造火车、汽车，连许多日用品都是从国外进口的，"洋货"充斥市场，人民受尽了帝国主义和官僚买办的盘剥。

新中国成立后，经济和文化教育有了巨大的发展。现在，我们是十四亿人口（五亿农民）的发展中国家，我们是在这样一个国家进行建设的。我们需要对这个基本的国情有清醒的认识，从中国的实际出发，按经济规律和自然规律办事，坚持"愚公移山，改造中国"的精神。

1956年，毛泽东曾经说过："中国是一个具有九百六十万平方公里土地和六万万人口的国家，中国应当对于人类有较大的贡献。"

青年们，我们是中华民族的优秀子孙，春蚕吐丝，丝固然是很美的，但只有把丝织成绸缎或纺成丝线，蚕吐丝才有真正的意义。如果虚度光阴，使才华空掷，那是多么可惜呀！

我们国家过去经历的路程和风风雨雨，痛苦的回忆，曲折的道路，艰苦的锻炼，面临的困难，未来的召唤，等等，错综复杂地交织在一起，构成了我们这一代青年的交响曲。

它多么像蜿蜿蜒蜒的长江，风雨晦暝的长江，历经艰险的长江，阅尽我国人民苦难的长江，夹杂着泥沙滚滚东流入海的长江啊！

在武汉蛇山的黄鹤楼上，有一副对联，上联是"爽气西来，云雾扫开天地恨"，下联是"大江东去，波涛洗尽古今愁"。"大江东去"，这就是长江的本质和主流，奋斗之歌是它的最强音，三峡束不住，龟蛇二山锁不住，南折北回不能改变它入海的方向，夹杂的泥沙也无损于它的伟大。

我们应当学习长江的这种雄伟气魄，选择时代的最强音，为祖国的前途和人类的理想奋斗不息。

在个人成长的过程中，我们要紧紧掌握自己的人生之舵，扬帆进击，不在恶势力面前屈服，不被工作、学习和生活中的种种困难吓倒，也不随波逐流，被命运的波涛吞没。

经过思考，我们应当变得更坚强，更成熟，更加奋发向上。我们应当学会思考，进而成为立志改革的一代，而不要走向消极悲观，沉沦下去。改革与奋斗，历来是强者手中的开山斧，而悲观失望，则是弱者手中的自杀刀。

我们建设的社会主义强国，不但要讲物质文明，而且要讲精神文明。一个国家，一个民族，物质生活水平再高，如果不讲精神文明，那是畸形发展，永远不会臻于人类理想之域。一个人，吃得再好，穿得再好，住得再好，而精神生活贫乏甚至低下，这样的人生究竟有什么意义呢？

人类的理想之域，是真、善、美三者和谐统一的发展。现在我们所讲的真、善、美，其内容应当是：真，就是科学真理，就是要正确地认识自然和顺应自然，不断改善人类的物质生活条件，就是要正确地认识社会和改造社会，不断使社会向前发展，就是要使我们的言行符合自然和社会发展的规律。

善，就是人间的正义，就是人民的利益，使人民在政治上有高度的民主，正确处理好人民内部的各种矛盾，逐步建立起人类理想的社会。

美，就是高度的精神文明，使人们在意识形态上有为人民服务、为真理献身的崇高的理想、道德和美丽的灵魂，在文化艺术上进行美的创造和获得美的享受。我们青年人要加强自身思想意识的修养与文化艺术上的素养，使自己具有崇高的理想、道德和情操，使整个社会具有良好的道德风貌和精神文明。

劳动创造世界。有劳动才有人类的一切。吃的粮食，穿的衣服，住的房子，坐的车辆，有哪一样不是从劳动来的？气势磅礴的万里长城，横跨天堑的长江大桥，巍峨壮丽的人民大会堂，有哪一样不是劳动和智慧的结晶？

实现现代化不是不要劳动，而是要使用现代化生产工具来劳动。离开辛勤劳动侈谈现代化，那就不会有什么现代化，而是一切化为乌有。

世界上的科学技术几乎在各个领域都发生了深刻的变化，出现了新的飞跃，可以说是"一日千里"。科学理论研究上重大的不断的突破，使得新技术从发明到实际运用的时间大大缩短了。

例如，在过去，蒸汽机的发展过程大约经历了80年，而在近代，激光技术从发明到实际运用只相隔2个月。现在世界上，以原子能的利用、电子计算机和空间技术的发展为标志，科学技术正在经历着空前的变革。世界上科学技术的发展是这样迅猛。

科学的未来在于青年。世界上没有不可征服的高山，也没有攻不破的科学堡垒。我们是唯物论者，世界上的一切事物都是可知的。

我们既要有攀登科学文化高峰的雄心壮志，又要有踏踏实实的实干精神。实，就是实际，就是事物发展的实际情况；踏实，就是脚步要踏在实际上，不是踏在半空中，要一步一个脚印，沿着事物发展的客观规律前进。

光阴似流水，站在江边，望波涛东去，你会有什么感触呢？难道也让光阴像江水这样流过吗？不，我们要在人生的江流中建起"拦河坝"来发"电"，让生命发出光和热。

弗·梅林说："作为一个思想家，马克思在大学时代就已经独立地工作了。他在两个学期中所获得的大量知识，如果按照学院式的喂养方法在课堂上点点滴滴地灌输的话，就是20个学期也是学不完的。"

引经据典

《马克思传》：德国工人运动活动家、理论家、历史学家和文艺评论家弗·梅林的著作。是梅林长期搜集、研究、校印马克思主义创始人遗著的总结。他在书中"把马克思的伟大形象不加修饰地重新塑造出来"。

毛泽东从小在家里参加生产劳动的时候，就挤出时间学习。在东山小学、湘乡驻省中学、湖南第一师范学校当学生和在新军当兵时，也千方百计找书读。

毛泽东青年时曾住在湘乡会馆，每天吃了早饭走三里多路到湖南图书馆去看书，从开馆一直看到下午五六点钟闭馆时才出来，风雨无阻。

青年时代是学习的黄金时代。人的一生能否有意义地度过，能否为人民做出大贡献，与青年时代能否刻苦学习有很大的关系。没有完整的学习时间，零碎的学习时间总是有的。

一天学习1个小时，一年就是360多个小时，十年就是3600多个小时，可以读多少书哇。

泰戈尔说得好："小草啊，你的足步虽小，但是你却拥有你足下的土地。"一株一株小草加起来，不就是一片绿茸茸的大草坪吗？

不要轻视社会大学，世界上许多大科学家、大发明家、大文学家都是从社会大学出来的。发明蒸汽机的瓦特，发明电灯、电话的爱迪生，伟大的文学家高尔基……这些伟大的人物都没有上过大学，但他们都为人类做出了巨大的贡献。他们的光辉成就，将透过时间的屏障，永远为后来人所仰慕！

我们的时代是群星灿烂、人才辈出的时代。

仰头看看那满天繁星吧，我们能不能成为其中的一颗，让自己生命的光辉洒在大地上呢？可以的。我们要把学习同实践、工作结合起来，做攀登科学文化高峰的战士和技术革新的闯将。把业余学习搞好了，在技术革新中，就会如虎添翼。

不要埋怨学习条件差，根本问题在于自己刻苦努力。渴望学习，善于学习，就会像海绵吸水那样，否则，即使学习条件再好，也不过像河里的石子，虽然浸于水中，但并没有吸水。

我们知道，西瓜又甜水又多，但是西瓜并不是在甜水里泡出来的，而是因为它的根深深扎在土中。

学习上也是这样，凡是学有成就的人，都不是侥幸成功的。书再多，学习条件再好，自己不努力，结果还是等于零。不要羡慕别人条件好，要奋发自强，在自己的岗位上学习。

"临渊羡鱼，不如退而结网"，既然有羡慕别人学习条件好和埋怨自己学习条件不好的时间，为什么不把这个时间用到学习上去呢？"谓学不暇者，虽暇亦不能学矣。"

引经据典

　　"谓学不暇者，虽暇亦不能学"出自西汉皇族淮南王刘安主持撰写的《淮南子·说山训》，意思是说没有时间求学的人，即使有了时间，也不会去求知识。《淮南子》在继承先秦道家思想的基础上，综合了诸子百家学说中的精华部分，对后世研究秦汉时期文化具有不可替代的作用。

　　有些青年不正是这样吗？一方面叫嚷没有时间学习，一方面又把许多时间白白放过。至于过去学习基础差，这并不十分要紧，只要坚持努力，定能稳步赶上。

　　鲁迅曾说过："我每看运动会时，常常这样想：优胜者固然可敬，但那虽然落后而仍非跑至终点不止的竞技者，和见了这样竞技者而肃然不笑的看客，乃正是中国将来的脊梁。"

引经据典

出自鲁迅的杂文集《华盖集》中《这个与那个》一篇。发表于 1925 年 12 月 10、12、20 日《国民新闻》。全文共四题："读经与读史""捧与挖""最先与最后""流产与断种"。从四个不同的侧面共同表达了作者在长期社会实践中形成的一系列警辟、深邃的思想。

未来的希望寄托在我们身上。在学习的道路上，我们一定要自强不息，不达目的决不罢休。

让我们牢记马克思的名言吧："在科学上没有平坦的大道，只有不畏劳苦沿着陡峭山路攀登的人，才有希望达到光辉的顶点。"[①]

守土卫国，维护世界和平

朱德同志诗云："愿与人民同患难，誓拼热血固神州。"

---

① 出自《资本论》第一卷法文版序言和跋。

引经据典

出自朱德《和董必武同志七绝五首·其二》，作于1941年秋，朱德55岁时。1941年9月，在林伯渠等人的提议下，在延安成立了"怀安诗社"，这是中国无产阶级革命文艺史上第一个古典诗词诗社。"怀安"取的是《论语·公冶长》"老者安之""少者怀之"之意。此诗为朱德和同为诗社成员的董必武由重庆寄来的七绝四首之一。

我们希望有一个和平的国际环境，以利于进行现代化建设，但这并不意味着可以有和平麻痹的思想。

中国有句俗话，叫作"居安思危"，这是充满了辩证法的哲理的。什么叫作安全？对安全有两种理解：一种理解是，安全就是太平无事，可以把枕头塞得高高地睡大觉，这种看法本身就是一种极大的危险；另一种理解是，安全就是提高警惕，这样，虽然身居虎口，却可能安全无事。麻痹最危险，警惕最安全，这是被历史所反复证明了的一条真理。

淝水之战，兵力强大的苻坚同兵力弱小的谢玄隔河对阵，由于轻敌，指挥失误，不战而溃，一路风声鹤唳，竟疑草木皆兵。赤壁之战，不可一世的曹操中周瑜火攻之计，结果大败。这些都是麻痹招致失败的著名例子。

刘邦赴鸿门宴，而能避过危险回到汉营。诸葛亮游说东吴，终能脱离虎口返回荆州。这些都是由于提高警惕获得安全的著名例子。安全和危险是相对而言的，并在一定的条件下可以互相转化。

安全，由于麻痹可以转化为危险；危险，由于警惕可以转化为安全。要清醒地看到，任何安全都是相对的而不是绝对的，在安全中存在着不安全的因素，只有提高警惕，才能"有备无患"。我们应当关注国际形势的发展，洞察世界战争的风云。

我国宋朝的诗人陆游，曾写过一篇《烟艇记》，是记他所居住的房屋的，"其隘而深，若小艇然，名之曰烟艇"，以寄寓他的志趣。他把自己的住室视为江上"顺流放棹""瞬息千里"的"烟艇"，虽坐"容膝之室"，而"胸中浩然廓然，纳烟云日月之伟观，揽雷霆风雨之奇变"。

我们每个有志的青年，应当写出新时代的《烟艇记》，身居斗室，刻苦学习，努力工作，在时代的"烟艇"中，胸怀理想，放眼世界风云，乘风破浪，奋勇前进。

引经据典

《烟艇记》：南宋文学家陆游创作的一篇散文。陆游当时因被秦桧黜落打击，既不能大展宏图报效国家，又不能随心所欲归隐江湖，于是写下了这篇《烟艇记》，表达了他内心向往的隐逸情趣，以及因怀才不遇而无奈的感叹。

第二节 全心全意为人民服务

"横眉冷对千夫指，俯首甘为孺子牛"，这是鲁迅的名言，也是他身体力行的志向。

我们应当学习鲁迅先生的这种志气，做顶天立地的青年，决不做那种"风、马、牛"式的人。什么是"风、马、牛"式的人呢？"风"就是见风使舵。今天刮东风，他是东风派，明天刮西风，他是西风派，像墙头草一样。这叫作立场不稳。"马"，就是拍马屁。"牛"，就是吹牛。吹牛拍马，这叫作作风不正。

有人说："哈哈，你们天天说立大志，我以为是什么了不起的志气，原来是甘心做孺子的'牛'，这能算什么大志，做'孺子牛'，能有什么出息呢？"

我们说，出息恰恰就在这里！古代的事不去说它了，自五四运动以来，多少革命志士和有为青年死于反动统治者的屠刀之下，他们何罪之有？不管刽子手们捏造了多少罪名，说穿了，就是罪在为人民服务。

为了人民的利益，他们可以牺牲个人的一切。方志敏烈士在《死！——共产主义的殉道者的记述》中说得很好：

> 我十分憎恨地主，憎恨资本家，憎恨一切卖国军阀；我真诚地爱我阶级兄弟，爱我们的党，爱我中华民族。为着阶级和民族的解放，为着党的事业的成功，我毫不稀罕那华丽的大厦，却宁愿居住在卑陋潮

湿的茅棚，不稀罕美味的西餐大菜，宁愿吞嚼刺口的苞粟和菜根，不稀罕舒服柔软的钢丝床，宁愿睡在猪栏狗窝似的住所，不稀罕闲逸，宁愿一天做十六点钟工的劳苦！不稀罕富裕，宁愿困穷！不怕饥饿，不怕寒冷，不怕危险，不怕困难。屈辱，痛苦，一切难于忍受的生活，我都能忍受下去！这些都不能丝毫动摇我的决心，相反的，是更加磨炼我的意志！我能舍弃一切，但是不能舍弃党，舍弃阶级，舍弃革命事业。我有一天生命，我就应该为它们工作一天！……共产党员，应该努力到死！奋斗到死！

方志敏爱憎分明，他为了爱人民，让人民过上好生活，宁愿吃尽千辛万苦，宁愿受尽难以忍受的折磨，努力为人民、为党而工作和奋斗。

在社会主义时期，涌现出雷锋、焦裕禄等许许多多为人民服务的英雄人物。他们的模范事迹，感人至深。

雷锋是青年同志们十分熟悉的，他的一生虽然只有短暂的二十几年，但是他为人民服务的崇高思想品质值得我们和后世永远学习。

人的一生应当怎样度过？如果用一句话来回答，就是要像雷锋那样，"把有限的生命投入到无限的为人民服务之中去"。从雷锋身上，我们看到了共产主义战士的崭新风貌。

希腊神话中有个英雄安泰的故事：安泰的父亲是海神波塞冬，母亲是地神盖娅。安泰很有力量，没有哪一个英雄能与他抗衡，因此大家都认为他是个无敌英雄。为什么他这样有力呢？原来他同敌人战斗遇到困难时，只要往地上一靠，即往生育和抚养了他的母亲身上一靠，就获得一股新的力量。但他有一个弱点，就是生怕别人用某种方法把他同地面隔开。

后来，安泰的敌人赫拉克勒斯利用了他这个弱点，把他举到了空中，使他无法同地面接触，结果便把他在空中扼杀了。

我们不要学水上的浮萍，随波逐流，也不要学天上的浮云，随风飘荡，而要使自己深深扎根于人民之中，生根，发芽，开花，结果，对人民有所贡献。

在工作中，有些人利用职权牟取私利，或者把群众看成"阿斗"，要当高踞于群众之上的"英雄"。

他们假公济私，化公为私，任意侵吞和挥霍人民的血汗。他们在工作中取得了一点成绩，就把这成绩归功于个人。他们不把为人民服务看作是自己应尽的责任，而把人民给自己的权力作为满足个人名利地位的手段。

他们为人民做了一点小事就居功讨赏，伸手要名誉要地位，达不到个人的要求便对党不满，发牢骚，好像组织欠下了他们多少债似的。如果在工作中碰到这样或者那样的困难，有这样或者那样的缺点与错误，他们却又往其他人身上推。

他们的逻辑是：有成绩就是他这个"英雄"的，有缺点和错误就是别人的。

毛泽东在《纪念白求恩》一文里曾说："我们大家要学习他毫无自私自利之心的精神。从这点出发，就可以变为大有利于人民的人。一个人能力有大小，但只要有这点精神，就是一个高尚的人，一个纯粹的人，一个有道德的人，一个脱离了低级趣味的人，一个有益于人民的人。"

我们应当牢记毛泽东的这些话，人民是智慧的大海，是智慧的取之不尽、用之不竭的源泉。因为一切智慧不是天生的，不是上帝赐予的，智慧寓于实践之中，实践是智慧的基础，而群众中有着丰富的实践知识，有着无穷尽的智慧，虽然这些知识、这些智慧往往是比较零散的、不系统的，但都是极宝贵的。

我们的责任，就是要向人民群众学习这些宝贵的知识和智慧，并加以系统化，提到理论上来。须知世界上一切知识来源于实践，所以真正有学问的人是向实践学习和向人民群众学习的人。

向书本学习，归根结底也是向实践学习和向人民学习。

有些人愿意在北京、上海等大城市工作，不愿在一般城市工作，更不愿到农村或者边疆去，他们说："在大城市不是一样为人民服务吗？难道大城市里的工作就不是为人民服务的工作吗？"

还有些人根本不考虑工作需要而片面强调个人兴趣，说："国家什么工作都需要，让我去做自己有兴趣的工作，不是能更好地为人民服务吗？"我们应当怎样认识这些问题呢？

在我们的国家中，任何地方的所有工作，都是为人民服务的工作，这当然是毫无疑问的。每个人由于学历、经历和环境的不同，在某一方面有一些兴趣和基础，也是很自然的。

马克思曾经说过：我们在选择职业时所应遵循的主要指针是人类的幸福，要弄清楚什么是兴趣，重要问题之一，就要研究兴趣和志向有什么关系。我们常将"志趣"两个字连在一起，是有道理的。

趣可以由志生。兴趣，表明了一个人的志向，有什么样的志向，便有什么样的兴趣。有些人的志向，是围绕着个人主义的中心，凡对他个人有利的，他就有兴趣，就废寝忘食地去干；反之，他就没有兴趣，以兴趣不合为理由而加以拒绝。

有些人没有大志，只有贪图享受的个人主义"志向"，他们对待工作，可以磨洋工，打瞌睡，而对个人的生活琐事、小家庭、吃喝玩乐，却孜孜以求，十分有兴趣。

兴趣不是天生的、神秘的东西，它是可以培养的。一个人对某一项工作、某一个问题发生兴趣，第一，是了解了它的意义；第二，是深入地钻进去，懂得了它的发展规律。而最根本的还是头一条，只有深刻地了解了某一项工作的意义，才会立志去钻研它，在钻研的过程中，逐渐摸清事物的发展规律，产生越来越浓厚的兴趣。

在我们的社会里，行行都能出"状元"。撒在沙漠上，我们就可以长成绿色的长城；撒在田里，我们便长成丰产的庄稼；撒在荒山上，我们就要使荒山变成花果山。如果挑这拣那，这山望着那山高，不管工作的条件怎样好，也很难做出出色的成绩来。

对人类做出较大贡献的人有两种情况：大量的人主要贡献是在自己的本职工作上，也有一些人主要贡献不在本职工作而在业余的爱好和钻研上。

业余出人才，这也是一条规律。

大量优秀的文艺作品和发明创造是业余刻苦努力的结果，许多专业作家、发明家也是先在业余做出显著成果以后习成为专门家的。

然而，在业余时间里，把无休止地打游戏、"摆龙门阵"、吃喝玩乐看作是应当的，而把业余学习、写作、钻研看作是个人主义，这恐怕并不是正确的选择。

我们主张本职工作第一、业余爱好第二，凡是有意义的一切业余爱好，都应当提倡和鼓励。

业余出人才，不但为历史所证明，而且是在社会主义条件下群星灿烂、人才辈出的一条重要途径。对于有志有识的人来说，业余时间是事业上可以自由驰骋的广阔天地，是产生人才的沃土。

我曾写过一副对联勉励自己，上联是"万斤大锤击蚂蚁"，下联是"弱弩之末穿铁板"。意思是说：在工作上我们要以"万斤大锤击蚂蚁"的精神，以优势的精力集中全力把它做好，对任何"小事情"都要全力以赴；而在本职工作之余，即使是在很疲惫的情况下，又要以"弱弩之末穿铁板"的精神来对待业余的学习、钻研和写作。

滴水可以穿石，"弱弩之末"也是可以穿"铁板"的。许多人在业余时间里攻克难关、做出贡献的事例，就是极好的证明。

对工作是不应当打折扣的。有人说："给我多少钱，我就做多少工作，干多少活。"又有人这样说："领导表扬我，我就好好干，要是得不到表扬，甚至干了领导还不知道，我何必花力气辛辛苦苦去干呢？"

还有些人，合乎自己口味的工作，就好好干，不合乎自己口味的工作就懒洋洋地干。

爱因斯坦曾说："我每天上百次地提醒自己：我的精神生活和物质生活都依靠着别人，包括活着的人和已死去的人的劳动，我必须尽力以同样的分量来报偿我所领受了的和至今还在领受着的东西。我强烈地向往着俭朴的生活，并且时常发现自己占有了同胞的过多劳动而难以忍受。"

爱因斯坦对待工作和报酬的这种崇高精神，是值得青年们学习的。树立正确的工作态度，是我们人生中的一项重要内容。

在平凡的岗位上奋斗

列宁说："要成就一件大事业，必须从小事做起。""少说些漂亮话，多做些日常平凡的工作。"

邓小平曾说过："青年应当有远大的理想，又要十分重视任何细小的工作。要有远大理想，才能永远保持前进的勇气和方向。而达到理想的道路是要由无数细小的日常工作积累起来的。你们应当善于把远大的理想和日常的工作结合起来，在任何工作中，严格地要求自己，发挥大胆创造和不怕困难的精神。"

使远大的抱负和日常的平凡的工作结合起来，要正确地认识伟大和平凡的关系。辩证地来说，伟大和平凡是一个对立的统一体，平凡孕育着伟大，伟大离不开平凡。

"泰山不让土壤，故能成其大；河海不择细流，故能就其深。"

引经据典

出自战国时期李斯所著《谏逐客书》。意思是，泰山不舍弃任何土壤，所以能那样高大；河海不排斥任何细流，所以能那样深广。李斯是秦代著名的政治家、文学家和书法家。公元前237年，李斯上《谏逐客书》，被秦王所采纳，在秦统一六国的事业中起了较大作用。

"战士的日常生活，是并不全部可歌可泣的，然而又无不和可歌可泣之部相关联，这才是实际上的战士。"

任何轰轰烈烈的伟大成就，都是由无数具体的、平凡的、琐碎的工作积累和发展起来的。伟大的事业离不开它所需要的无数的平凡的工作。

很多青年惊叹人民大会堂的宏伟和壮丽。像这样一个宏伟的建筑是怎样建立起来的呢？它不是从天而降的，是设计人员和工地上一万多名建设者平凡劳动的结晶。

每一个人民大会堂的建设者，都胸怀着建设好人民大会堂的雄心壮志，他们把自己的雄心壮志体现在日常平凡的劳动中，才使自己的壮志开了花，结了果——宏伟、壮丽的人民大会堂在天安门的广场上迅速地矗立起来！

因此，平凡的劳动和工作，实际上就是人民日常的、最普遍的、最基本的实践活动，这是一切生产建设的基础。

纵观历史上一切英雄人物，都是把自己活动的舞台建立在这个基础上，才演出流传后世的剧目来。例如刘邦、朱元璋等人，都是依靠了当时的农民革命才坐了天下。

有些青年还没有理解到自己肩上所担负的光荣任务。他们一谈到远大理想和雄心大志，便不愿再做平凡的工作，特别是不愿做那些他们认为是细小的工作，如接电话，做记录，当校对，等等。

他们认为这些工作不能发挥创造性，埋没了他们的天才，磨灭了他们的壮志。他们不懂得，一个真正有雄心壮志的人，真正有决心为人民服务的人，是不拒绝干小事情的。

鲁迅曾说过："巨大的建筑，总是一木一石叠起来的，我们何妨做做这一木一石呢？我时常做些零碎事，就是为此。"

试看许多英雄模范，他们都是胸怀壮志的人，同时，他们又是在平凡的劳动中，最实干、苦干、巧干的人。有些青年同志只看到创造发明和技术革新的伟大，而不知道这些英雄模范人物做了多少平凡的工作。

一个创造发明和技术革新，不是灵机一动就能想出来的，而是要经过千百次具体的生产实践和试验，最后才能成功的。任何英雄模范人物也不是一朝一夕之间就成长起来的，而是在长期的工作中锻炼出来的。

任何伟大的创造都是建立在日常平凡的劳动的基础上，离开了日常的平凡的劳动，就根本谈不上什么创造。在我们的各项工作中，都应当以平凡的劳动和实践为基础，在这个基础上，才能开出灿烂的创造之花，结出硕大的创造之果。

俗话说："熟能生巧。""熟"，只有在多次反复的平凡的劳动和实践中才能产生，只有熟了，才能生"巧"，才能有所创造。

我们的工作中，平凡往往指的就是埋头苦干，就是勤学苦练；而创造，就是通过不断实践和用心钻研，掌握了事物的发展规律，巧妙地运用这些规律，为我们的学习和工作所用。

国家的发展，需要人们从事各种各样平凡的工作，好比一架巨大的复杂的机器一样，需要许许多多的齿轮、零件和各种螺丝钉。机器的每一个部件、齿轮、零件和螺丝钉为着同一个目标在工作时，才能进行生产，生产出堆积如山的财富来。

如果机器中的某一个零件说：我的工作太平凡了，我不干了。于是消极怠工起来。另一个零件说：我天天干这个工作，太单调了，要改行。那整个机器还能正常运转吗？生产还能进行吗？

我们要敢于成为出类拔萃之才，又要甘于做一个平凡的螺丝钉。任何一个出类拔萃之才，对于整个国家建设来说，都更接近于一个部件或者是一个螺丝钉。我们要做一个永不生锈的螺丝钉，像螺丝钉那样勤勤恳恳地工作。

不要瞧不起螺丝钉，螺丝钉也是有大志的。

工作讲究方法

好的工作方法可以事半功倍，否则就会事倍功半，甚至由于工作方法不善，还会把好事情办坏了，好心也可能做出蠢事来的。所以，工作方法是做好工作的一个重要组成部分。

当然，工作方法好不好，其中有经验问题、认识问题、懂不懂辩证法的问题，但是重不重视工作方法，那就是观点问题。一个对工作高度负责的人，对工作方法必然是十分重视的。

如何才能有好的工作方法，这是一门很大的学问，要懂得辩证法，要能掌握方针政策的精神实质，要懂得人们的思想和生活，要熟悉业务，要善于把原则性和灵活性结合起来，把上级的指示和实际的情况结合起来等。

因此要工作方法好，这绝不仅仅是什么技术问题，首先需要有高度的责任感和工作的积极性、创造性。

别人创造出来的好的工作方法我们要学习，同时，我们自己一定要到实践中去实际摸索和创造。

只有在实践中才能产生好的工作方法，正如同要学会游泳，就一定要跳到水里去一样。离开了实践，空谈什么方法，是不行的。而要在实践中摸索和创造，一个重要的办法，就是注意总结自己的工作。对于自己工作中好的方法要加以发扬，使它更加系统、更加完整，不好的方法要加以改变，在错误中取得"免疫力"，不使错误蔓延或重犯。

不容易办到的事，下决心要办到，才需要立志。轻而易举能办到的事，那还要立志干什么?

登珠穆朗玛峰是要立志的，上北京城内的景山，散步就走上去了。在青年中，有的有志气，有的混日子，有的彷徨苦闷，有的追求个人的"实惠"和沉湎于甜蜜的小家庭，有的羡慕花花世界……

任何一个时代，青年们的认识、觉悟和思想境界都不会是一样的。这并不奇怪。有志的青年不应跟着这样那样的风跑，而应当明辨是非，像中流砥柱那样坚定不移，说服那些在风中雨中晕头转向的人们，确立科学的生活信念和宏伟的志气，并为此做坚持不懈的努力。

立志振兴中华的青年们，是祖国明天的栋梁，代表着历史发展的方向和未来。

在我们为实现伟大志向而奋斗的征途上，肯定会遇到许多困难和风风雨雨，但这又算得了什么？

请看在大江之上，尽管风雨苍茫，不是照样可以行船吗？"自有凌霄翮，高飞安不得。如何万里行，反作淹留客？"困难是砥砺志气的磨刀石，让我们在这块磨刀石上，不断地磨砺生命之剑，使它放射出灿烂夺目的光辉！

引经据典

出自明代李贽的诗《夜半闻雁》。李贽是明代著名思想家、文学家，泰州学派的一代宗师。诗中作者回顾了生平所历，叹息世道的艰辛和坚持独立见解的不易。

第三章 学习：成才的阶梯

　　恩格斯在谈到文艺复兴的时候，曾经说过那是一个需要巨人的时代。

　　我们的时代与欧洲文艺复兴时期相比，更需要大量的各种各样杰出的人才，其中包括党政军人才、科学技术人才、经济管理人才、文学艺术人才、教育人才和各行各业的革新能手、榜样模范等等。

　　三百六十行，行行出状元。青年要立志，而且要掌握实际的本领，使自己真正成为能推动社会前进的人才。

　　如果能成为杰出的人才，那当然就更好了。人才难得（这是指真正杰出的人才），古今中外莫不如此，但只要自己努力，总是有希望的。

关于学习和人才的关系，诸葛亮有一句话说得很好："才须学也。非学无以广才，非志无以成学。"

引经据典

出自诸葛亮《诫子书》，是三国时期政治家诸葛亮临终前写给他儿子诸葛瞻的一封家书。作者于其中阐述了修身养性、治学做人的深刻道理。

自古以来，所有的人才都不是天生的，而是时代的要求加自己的努力。向家庭和周围的人学习，向老师和书本学习，向实践学习，向社会学习。

学习是人才的摇篮，是人才成长的阶梯。青年们要使自己成为人才，应当努力学习，不但善于向书本学习，而且善于向实践学习，向周围的人学习，使自己在德、智、体几方面都能生动活泼地主动地发展。

第一节　品格的七个层面

在德、智、体几个方面，我们应当把崇高的思想品德放在首要地位。思想品德是一个人的灵魂。作为一个人才来要求，青年们应当让自己有哪些好的思想品德呢?

火一般的为真理而奋斗的精神

"人的天职在于探索真理。"[1]

真理是人生的太阳，是引导人类走向光明、走向幸福的旗帜，也是人类从必然王国走向自由王国的桥梁。

热爱真理，是人最高尚的感情;追求真理，是人最纯洁的愿望;获得真理，是人最崇高的幸福;捍卫真理，是人最伟大的勇敢。

和真理站在一起，就是顶天立地的人。

马克思说:"在惊涛骇浪的思想海洋上，我进行过长期的

---

[1] 哥白尼语。编者注。

浮游和探索，我在那里找到了真理的语言，并紧紧抓住了被发现的东西。"

黑格尔说："真理诚然是一个崇高的字眼，然而更是一桩崇高的业绩。如果人的心灵与情感依然健康，则其心潮必将为之激荡不已。"

我们热爱真理，追求真理，并不是把真理看成是天上的凤凰，也不是像虔诚的宗教徒那样把真理看成是上帝。因为那并不是真理，而是虚无缥缈的幻境。

真理，第一个字是"真"，即宇宙间存在的客观事物，第二个字是"理"，即客观事物发展的规律性及其在人们头脑中的正确反映。

人来到世间，周围是茫茫苍苍、无边无涯的宇宙，作为个体的自然的人是渺小的，论力气不如虎豹，论飞翔不如鹰鹃，论游水不如鱼鲨。但是，人能认识自然和改造自然，认识社会和改造社会，而虎豹、鹰鹃、鱼鲨都不能。

除了人，一切生物只能贮存信息，适应周围的环境而生存，茫茫然不知真理为何物，而人却能认识真理并能动地改造世界。

一个人对真理认识得越多，对人类的贡献越多，则越伟大，他的价值则越高。而且人能把已认识的真理继承下来，一代一代传下去。

因此，在人的诸品质中，热爱真理、追求真理、坚持真理、为真理而献身，乃是第一位的，是最根本的和最重要的。

我们讲科学，讲奋斗，其共同本质都是追求真理，为人民谋幸福。

古今中外，许多英雄人物，虽然各人所处的时代不同，境遇不同，在事业上有的成功了，有的夭折了、失败了，有的还正在走着曲折和艰难的道路，但为真理而斗争的精神永远在历史上闪耀着夺目的光辉。

而且，凡是为了真理的事业，必将最后取得胜利。

保加利亚的共产党领袖季米特洛夫，曾在莱比锡法庭上同德国法西斯做英勇斗争，把法庭变成了宣传共产主义的世界讲坛，正是一个为真理而斗争的光辉范例。

1933年，德国法西斯为了镇压共产党人，阴谋制造了一起"国会纵火案"，诬蔑是共产党人干的，并将季米特洛夫等人逮捕起来。

在审讯时，季米特洛夫引用马克思、恩格斯在《共产党宣言》中的不朽名言来表达自己的政治观点："他们公开宣布：他们的目的只有用暴力推翻全部现存的社会制度才能达到。让统治阶级在共产主义革命面前发抖吧。无产者在这个革命中失去的只是锁链。他们获得的将是整个世界。全世界无产者，联合起来！"

他控告法西斯主义的头头们诬害共产党人，控告他们对工人阶级、劳动人民所实行的空前凶暴的恐怖。

季米特洛夫在莱比锡法庭上的最后发言中说："伽利略被惩处时，他宣布：'地球仍然在转动着！'具有与老伽利略同样决心的我们共产党人今天宣布：'它仍然转动着！'历史车轮正在向前转动着……它现在在转动，将来还要转动，直到共产主义彻底胜利。"

历史上，许多革命家、科学家和寻求救国救民真理的仁人志士，以及无数为人民利益牺牲的革命先烈，都是为追求真理和维护真理而斗争的英勇战士。他们像天空的繁星一样，将光辉洒满人间。

方志敏烈士牺牲前在敌人的监牢中曾经写道：

假如我还能生存，那我生存一天就要为中国呼喊一天；假如我不能生存——死了，我流血的地方，或者我瘗骨的地方，或许会长出一朵可爱的花来，这朵花你们就看作是我的精诚的寄托吧！在微风的吹拂中，如果那朵花是上下点头，那就可视为我对于为中国民族解放奋斗的爱国志士在致以热诚的敬礼；如果那朵花是左右摇摆，那就可视为我在提劲儿唱着革命之歌，鼓励战士们前进啦！

引经据典

出自《可爱的中国》，是方志敏于 1935 年 5 月 2 日在狱中写下的散文。文中写的是他求学、被捕、被囚禁中的见闻、感悟，并对自己人生最后一段日子提出了假设。

在祖国辽阔的土地上，到处都曾经洒满了烈士们的鲜血，也到处都有花朵在迎风开放。青年们，当我们看到花朵上下点头或左右摇摆的时候，请想到吧，那是革命先烈希望我们热爱真理，追求真理，为了真理的事业而奋斗不息！

实事求是的科学态度

人们渴望真理，但真理并不会像美丽的小鸟一样自天而降，而要靠人们去探求。要寻求真理，首先要弄清楚真理姓甚名谁，家住何方。

有人说，真理的名字叫作"上帝"，住在天上，要求得真理只需要虔诚地祈祷上帝。

有人说，真理的名字叫作"天才"，住在某些杰出人物的头脑里，要求得真理，只需照这些杰出人物讲的话和写的书去办就行了。

还有人说，真理的名字叫作"唯我"，住在我的家中，凡对我有利的就是真理。

唯物主义者则认为，真理的名字叫作"科学"（包括自然科学和社会科学），在客观物质世界中，要靠人们的实践和基于实践基础上的思考去寻找。

实事求是，就是要在客观物质世界中按照事物本身固有的发展规律去寻求真理。

只有沿着实事求是的阶梯，我们才有可能摘取真理的明珠。

一个有志和奋发有为的青年，不但要有火一般的为理想而奋斗的精神，而且在自己的思想和行动上要确立一条认识世界和改造世界的路线，即实事求是的科学态度。

要有实事求是的科学态度，首先要尊重客观实际，深入地系统地调查了解客观实际的情况，并且，"为了能够分析和考察各个不同的情况，应该在肩膀上长着自己的脑袋"。

通过周密的观察和思考，使自己的思想和行动符合客观事物的发展规律。"实事"是"求是"的基础，离开了"实事"，"求是"就是空中楼阁。任何真正的科学，都是在"实事"的基础上建立起来的。任何事业的成功，都是从实际出发，以"实事"作为自己活动的舞台。

"海阔凭鱼跃，天高任鸟飞"，这种令人心驰神往的境界并不是主观主义的写意图，而是实事求是的现实主义杰作。试问：离开了海洋，离开了空气，哪里还会有什么"鱼跃"和"鸟飞"呢？

从必然王国进入自由王国，首先要对必然王国进行一番调查研究。在控制论中，有一种关于"黑箱"的理论，"黑箱"就是待我们去探索、研究的未知物，也就是必然王国。

真理有如一条"飞龙"，它虽然客观存在，但当我们未发现时，它却被禁锢在"黑箱"之中。

实事求是，也就是说，要我们从"黑箱"中找出真理，即找出客观事物发展的规律性。实事求是的科学态度，是寻求真理的唯一正确的态度。

马克思曾经说过："如果有一位矿物学家，他的全部学问仅限于说一切矿物实际上都是'矿物'，那么，这位矿物学家不过是他自己想象中的矿物学家而已。这位思辨的矿物学家看到任何一种矿物都说，这是'矿物'，而他的学问就是天下有多少矿物就说多少遍'矿物'这个词。"

引经据典

出自《神圣家族》，本书是马克思和恩格斯第一次合写的批判青年黑格尔派主观唯心主义和论述历史唯物主义的著作。"神圣家族"是对当时青年黑格尔派的领导核心和神学批判家鲍威尔等人的谑称。全书名为《神圣家族，或对批判的批判所作的批判：驳布鲁诺·鲍威尔及其伙伴》。

这段话对思想僵化者是多么好的讽刺呀！我们要使理论之树常青，就要不断地在实际生活的土壤中吸取新鲜的营养，不断获得新的活力。

歌德说得好："思和行，行和思，这是一切智慧的总和。……二者必须像呼和吸在生活中永远继续活动。"理论和实践之间的矛盾运动，不就是这样不停地向前发展的吗？

我们常讲解放思想，什么是解放思想？说到底，就是使思想符合事物发展的客观规律，做到主客观一致。鸟本来是会飞的，被关在笼子里就不能飞，因此要打破牢笼飞出去。解放思想就是让思想冲破牢笼，飞向真理之域。

"让思想冲破牢笼"，这是《国际歌》中的一句话，是对资本主义思想束缚的宣战。有些青年人总觉得西方社会自由，羡慕得不得了，好像在那里什么都是自由的，想说什么就说什么，想干什么就干什么，那么，我们不禁要问：工人想不受剥削就可以不受剥削吗？想起来造反就可以造反吗？

我们所说的解放思想，并不是爱怎么想就怎么想，爱怎么做就怎么做。解放思想有一个思想从哪里解放出来和走到哪里去的问题。

有些青年，以为解放思想就可以不要社会主义道路，不要共产党领导，不要马列主义、毛泽东思想，这不是实事求是的科学态度，这不是真正的解放思想。

他们自以为解放思想，其实不过是随着社会上某些错误思潮跑，像一只迷失航向的小船在大海中随着风浪漂荡，连他们自己也不知道会漂向何方。

波斯诗人欧玛尔·海亚姆在《鲁拜集》中有一首诗写道：

飘飘入世，如水之不得不流，

不知何故来，亦不知来自何处；

飘飘出世，如风之不得不吹，

风过漠地亦不知吹向何许。

这首诗虽然写的是宗教的"入世"和"出世"，同解放思想风马牛不相及，但借来对照一下某些青年人的现实状况，不也发人深思吗？有伟大的理想和崇高的生活目的人，不会如水流，如风吹。

我们的国家好比一艘巨舰，正在向强国复兴的宏伟目标航行，途中还会有风浪，有暗礁，只要我们同人民同呼吸、共命运，团结一心，众志成城，则任何惊涛骇浪、急流险滩都不怕。

我们自己又好比原野上的一棵树，只要我们的思想感情深深扎根于人民之中，就会战胜一切风霜雨雪，朝气蓬勃，永远长青。

人民是我们力量的源泉，智慧的源泉，胜利的源泉，是我们一切事业的成功之本，无论什么时候，让我们都不要忘记这一点吧！

长风破浪般的胆略

"长风破浪会有时，直挂云帆济沧海。"斯大林曾比喻列宁为"山鹰"，我们青年人应当要像山鹰那样，战风斗雨，傲视雷电，穿掠云层，具有一种非凡的英雄气概，在整个人类前进的道路上都需要这样的气概。

要多谋善断和当机立断。谋和断是辩证统一的，多谋是善断的基础，善断是多谋的集中表现。不谋而断谓之武断，这种断没有经过认真的调查研究和仔细的筹划，不符合实际情况，必定要失败。谋而不断谓之优柔寡断，不断则谋再多再好也无用，以致费时误事，招致失败。

宋朝的时候，金兵已渡黄河，而赵家朝廷还计议未定，结果徽、钦二帝被俘，就是历史上的一个突出例子。

现在我们在工作中也要善断，要议而决，决而行。拖拖拉拉，议而不决，当断不断，甚至怕负责任，互相推诿，这绝不是应有的作风。青年人一定不要沾染这种作风。

要讲求工作的高效率、高质量。效率和质量是工作的生命，工作不讲效率和质量就是失职，就是慢性自杀。一项工作，一件任务，既经决定就要集中全部精力去干，而且要像撑船过河那样，时间再紧，水流再急，也必须一竿子一竿子插到底，落在实处。

要拆除工作上的一切花架子，废止空谈，力戒浮夸。真正有本事的人，对人民负责的人，是不搞花架子的，只有那些没有本事而又偏爱沽名钓誉的人，才喜欢用形式主义粉饰自己的无能。

要机智。机智就是随机应变之智，就是在危急情况下产生的一种急智。在处理工作和应付事变中，一般有两种情况：一种是事先有一定的时间进行比较周密而系统的思考和谋划；另一种是事情发生得很突然，或者原来预计的情况临时发生了变化，需要当机立断迅速采取新的随机应变的对策。

机智主要是指后一种情况。同各种困难、对手过招，机智是很重要的。在一些条件下，我们是在明处，对手是藏在暗处，他们总是利用我们的薄弱环节，利用我们的疏忽，突然地出现在我们面前。在同自然界的接触中，在工作中，一些偶发的严重事故的出现，往往也是这样。

因此，机智的锻炼是我们不可缺乏的思想修养。机智来自胆略，但仅有胆略还不够，还必须同时具备其他一些因素或素质：

第一，不管事情来得多么突然和使人怒不可遏，头脑必须保持高度的冷静和沉着，切不可鲁莽从事和为意气所激而妄动。

第二，在可能条件下迅速地捕捉当时发生的情况，做出正确的估计和判断。

第三，最大限度地开动人脑机器，谋划对策，当机做出决断。所有这些都是在极短的时间内甚至是在间不容发的时间内完成的。

在工作上，要做技术革新的先锋。在科学上，要做攀登高峰的勇士。在工作上，要做争挑重担的好员工。在战场上，要做有勇有谋的无畏战士。

在大海的万顷波涛中，任凭满天风雨，浊浪排空，巨舰总是以自己的胸膛为刀破浪前行，海燕总是以双翼为弩把自己射向天空。

在祖国960万平方公里的土地上，无处不是英雄用武之地，无时不是英雄大显身手之时，究竟能否大有作为，那就要看我们自己是不是真正的英雄。

钢铁一样坚强的意志

咬定青山不放松，

立根原在破岩中。

千磨万击还坚劲，

任尔东西南北风。

这是清代画家郑板桥的一首咏竹诗，借竹喻人，歌颂不畏困难和不为任何风雨所动的坚忍意志。

大树参天挺立不为风雨所动，要有坚强的枝干。高厦平地耸峙，要有雄伟的支柱。航船驶向远方的目的地，不管风狂浪高，要牢牢把握着方向舵。

要做一个为真理而奋斗的顶天立地的人，必须要有钢铁一样坚强的意志，做人生激流中的中流砥柱。

人生的道路不是平坦的，它崎岖多险，风云变幻。有的人在困难面前动摇了，有的人在挫折和失败中落荒而逃，有的人在各种引诱面前做了俘虏，有的人在敌人威胁面前变节，有的人达到了个人欲望不再前进了……只有为追求真理而具有钢铁一样坚强意志的人，才能始终如一，坚定不渝。

陈毅同志在诗中写道："大雪压青松，青松挺且直。要知松高洁，待到雪化时。"我们应当以此自励。

我们要经得起这些考验，就要努力做到以下几点：

不要随风跑，要保持清醒的头脑。比如江上行船，总要有一个目的地，绝不能随风在江心漂荡。要明辨风向：风正则高挂帆篷，乘风破浪前行；风不正，则顶风排浪而上。

目标始终如一，才能抵达真理的港口，随风漂泊，其结果不是使船搁置浅滩，就是撞在礁石上面。新生的事物尽管有这样那样的缺点和错误，身上还带有旧的痕迹，但它毕竟是不可战胜的。

不要被困难吓倒，要勇于在逆境中奋斗。在人生的征途中，有一座座大山，一条条激流，它们的名字就叫作困难。翻山过河，这在行路中是寻常事，在一般情况下谁也不会因此止步。

可是，在人生的征途上，人们往往会在困难面前停下步来，只有那些具有坚强意志的人，才能把困难踩在脚下。是山高，还是人高？我看人比山高。人登上了山顶，不就比山高了吗？纵观历史，杰出的人才都是有坚强意志的人，勇于在逆境中奋斗的人。

19世纪德国作曲家舒曼，从小便显示出他非凡的钢琴演奏才能，他曾希望自己成为一个钢琴演奏家。经过努力，他已经获得较高的声誉，可以清楚地看见成功的彼岸了。

不幸的是，他的右手第三指突然由于劳累过度而受到损伤，并永远失去了力量和弹性，使他再也不能成为一个演奏家了。眼看就要到达的彼岸，转眼间像一座冰山消融了，过去的一切努力都付之东流。

这是多么令人痛苦的事情啊，但年轻的舒曼并没有在厄运面前屈服，每当他痛苦和烦闷的时候，便想起了贝多芬——这个伟大的作曲家，在耳病之后整整30年中忍受着对音乐家最致命的打击，创作出人类辉煌的作品……

而自己所丧失的仅仅是演奏的能力。不能演奏了，不是还能作曲吗？从此，他又开始了新的战斗，谱了许多著名的曲子，终于成为一个伟大的作曲家。

恩格斯曾经断言：勇敢和必胜的信念常使战斗得以胜利结束。青年们，无论在任何艰难困苦的情况下，我们都要有这样一种信念：乌云的上面就是太阳，困难的背后就是胜利，艰苦的前方就是幸福。胜利的道路是盘旋在困难的大山之上的。

　　正像高尔基所说的那样："奋不顾身的精神能克服任何障碍，能在世界上创造任何奇迹。"

　　困难是凯旋门，只让英雄们通过。

　　困难是磨刀石，能磨炼人们的意志和聪明才智。

　　困难是幸福桥，战胜了困难，我们就能取得人们所需要的一切。

　　不要为生活所累，要张满奋斗的风帆。意志坚强的人要不为生活的困苦所折翼，潦倒消沉；也不要为生活的优裕所销溶，沉湎其中。

　　对于一些家境困苦的青年来说，生活的重担往往会压得一个人直不起腰来。这些青年们的处境确实使人同情，使人感叹。但是，你们千万不能在困苦的生活面前消沉下去，而要磨炼得更刚强。苦水中长大的孩子，骨头应该是硬的。"贫莫贫于无见识，贱莫贱于无骨力。"①

不要羡慕那些生活优裕的人家，也不要埋怨自己的命运。生活的激流是最能锻炼人的，真正有出息和能够成大业的人，往往就在你们中间。

还有些人，生活上优裕一些，这本来是好事，但如果不注意，也容易使人革命意志销溶，沉湎其中。

鲁迅曾说过：生活，决不能常往安逸方面想的。有志向的人，有事业心的人，决不会把精力耗费在追求生活享受上。他们要在事业的探索和成功中求得欢乐。他们胸中装着普天下的劳动人民，"先天下之忧而忧，后天下之乐而乐"②。他们决不在自己的翅膀上系着黄金，为优裕的生活所累。蜜罐里的生活没有什么可以留恋，真正使人骄傲的是一心奔向光辉灿烂的万里前程。

大海般的广阔胸怀

年轻人，大都喜欢海。

---

① 出自明朝李贽的《焚书·五七言长篇》。编者注。
② 出自北宋范仲淹的《岳阳楼记》。编者注。

站在海边，举目远眺，顿觉心胸开阔，眼界远大。雨果曾说："世界上最广阔的是海洋，比海洋更广阔的是天空，比天空更广阔的是人的胸怀。"

有志的青年既然要把人民的事业装在胸中，就要有大海一样广阔的胸怀。

要胸中装有大局，处处以大局为重，不计较个人的得失荣辱。这是最可尊敬的人。

大局之所以为大，因为它是国家和民族利益之所在，是人民利益之所在。胸中无大局的人，才华再高，能力再强，本事再大，也不能成大事，立大业。

在春秋战国的时候，蔺相如当了赵国的宰相，赵国的大将廉颇不服，想用各种办法羞辱他。蔺相如为了顾全赵国的大局，总是忍受和回避。蔺相如手下的人愤愤不平，还以为是蔺相如害怕廉颇。

蔺相如对他们做工作，说明当时赵国面临的形势和将相团结的重要性。廉颇知道后既感动又惭愧，亲自负荆到蔺相如家中请罪，从此将相和好，共扶赵国。这就是历史上有名的"将相和"的故事。

我们所从事的事业，同蔺相如所顾全的大局是不可同日而语的，在工作中，在和同事们的相处中，更应处处顾大局、识大体。

不为一些个人的事所纠缠而苦恼。一位名人说得好："伟大的心胸，应该表现出这样的气概：用笑脸来迎接悲惨的厄运，用百倍的勇气来应付一切的不幸。"生活总不会平静无波的，事情也不会处处尽如人意。

即使是平静的湖面，飞云的阴影也会不时投射其上，一些令人不愉快的事情往往会闯入生活中来。心胸狭小的人在个人的烦恼中度日，心胸广阔的人把这些个人的烦恼置之度外。

他们在事业的奋斗中求欢乐，求安慰，把精神寄托在这上面，无喊喊喳喳之世俗闲言乱耳，无庸庸碌碌之个人琐事劳形。

只要是群众的呼声，声音再细也能声声入耳；只要是人民的利益，事情再小也能事事关心。他们的思想进入了一个崇高的境界，公而忘私；他们的精神摆脱了个人的烦恼，如云行空。我们应当成为这样的人。

要听得进各种不同的意见，团结一切可以团结的人。任何伟大的事业要取得成功，必须要广泛地听取各种意见和批评。

真理是愈辩愈明的。各种不同的意见发表得越充分，真理就看得越清楚，听不得不同意见就得不到真理。龙，在风云中隐现；真理，在不同意见的波涛中起伏。任何一个事物，它的各个侧面展现得越充分，我们对这个事物的认识才能越全面。

只有海一样广阔的胸怀，才能听得进各种不同的意见，就像百川入海那样。堵塞言路，就是阻止百川入海，我们决不干这种蠢事。不但要听得进各种不同的意见，还要真诚地去做团结一切持不同意见的人的工作。要交诤友。我们团结的人越多，力量就越大。

在非原则性问题上，我们可以做极大的让步；在个人得失的问题上，我们可以像"敝履"一样弃而不顾。但是，只要一牵涉到根本性的原则问题时，那是应该分毫不让的。

看看壮阔的大海吧，在它的怀抱里有各种各样的生物、岛屿和岩石，万流归宗，如果谈胸怀，谈度量，可谓大矣。但是，"水火不相容"，大海虽大，哪怕只有一点火星，海水也是绝不相容的。在水与火之间，根本没有什么"度量"可言。

红梅一样高尚的情操

千百年来，多少诗人赞颂过梅花的高洁。毛泽东同志在《卜算子·咏梅》中写道："风雨送春归，飞雪迎春到。已是悬崖百丈冰，犹有花枝俏。俏也不争春，只把春来报。待到山花烂漫时，她在丛中笑。"

我们应有红梅一样高尚的情操，迎着风雪使自己的生命之花开放，不为名，不为利，不妒春风中婀娜的群芳，也不做仲夏之夜的美梦，一心只为了春满人间。

要爱才而不要妒才。在同行者中，必有许多才华出众的人，我们应当互相勉励，携手前行。当有些同伴超过自己走在前面时，我们应当高兴。

在共同取得成果时，应当把荣誉让给别人。要敢当主角，又要甘当配角：真正当好一个配角，有时比当好一个主角还难。要敢当向科学文化高峰冲击的勇士，又要甘当"人梯"，让有成功希望的同志踩在自己肩上冲上去。

罗马作家贺拉斯说得好："愿为磨刀石，虽不能切削，却使刀刃锋利。"①泰戈尔也说得好："果子的事业是尊贵的，花的事业是甜美的，但是让我们做叶的事业吧，叶是谦逊地专心地垂着绿荫的。"他还说："当我们是大为谦卑的时候，便是我们最近于伟大的时候。"②

我讨厌像回声那样的人，列宁曾说："我讨厌嘲笑雄鹰的鸡，鹰有时比鸡还飞得低，但鸡永远不能飞得像鹰那样高。"

学会接受批评，学会反思

有些人害怕批评，不愿意自我批评，认为进行自我批评或别人批评自己是丢丑。这种看法是不对的。

有的人往往是表面一套，背后一套，当面互相恭维，背后意见一大堆。"逢人只说三分话，未可全抛一片心"，这就是一些人的处世哲学。

为了进步，大家对彼此的缺点互相提出诚恳的批评，对彼此的进步也互相鼓励，既有原则，也充满了热情。

奥斯特洛夫斯基说："友谊首先就是真诚，就是对同志过失的批评。"在诚挚的批评中，才真正看见了朋友的一颗对革

---

① 出自贺拉斯《诗艺》。编者注。
② 出自泰戈尔的《飞鸟集》。编者注。

命事业负责的心，希望自己进步的心。虽然这批评有时使自己感到很痛，但这痛是"打针"的痛，是"割瘤子"的痛，在这痛的后面，正是诚挚的友情。

鲁迅有一句名言："我的确时时解剖别人，然而更多的是更无情面地解剖我自己……"

闻一多毫不隐讳自己过去的错误，公开说："现在我向鲁迅忏悔：鲁迅对，我们错了!"

量子论的创立者普朗克在获得诺贝尔奖时说："回顾最后通向发现的漫长曲折的道路时，我对歌德的话记忆犹新，他说，人们若有所追求，就不能不犯错误。"

利斯特说："我能想象到的人的最高尚行为，除了传播真理外，就是公开放弃错误。"

我国古代的一些有远见的政治家，也懂得听取别人意见的好处，欢迎别人提意见。如大家很熟悉的诸葛亮，十分称赞经常给他提意见的徐元直①和董幼宰②。他要部下向他们

① 即徐庶，字元直，豫州颍川（今河南省禹州市）人。东汉末年刘备帐下谋士，后归曹操。

② 即董和，南郡枝江（今湖北枝江）人。东汉末期蜀汉官员，先后在刘璋和刘备手下任职。

学习。

诸葛亮说："然人心苦不能尽，惟徐元直处兹不惑。又董幼宰参署七年，事有不至，至于十反，来相启告。苟能慕元直之十一，幼宰之殷勤，有忠于国，则亮可少过矣。"

这句话的意思是说：可惜有人不肯尽量将意见提出来，只有徐元直不计较个人得失，知无不言，言无不尽。另外还有董幼宰，他在幕府里做了七年事，看见我处事有不妥善的地方，能三番五次以至十次地提醒我。如果你们能做到徐元直的十分之一，能像董幼宰那样认真负责，不怕麻烦，忠于国家，就可以减少我的过错了。

一个人进步的快慢，觉悟的高低，和能不能正确对待批评和自我批评有很大关系。因为我们每个人在思想、工作和生活中，都不免会有这样那样的缺点和错误，若能够虚心、诚恳地接受建议，善于反思，就能正确认识自己的错误与缺点，及时加以克服和改正，迅速提高觉悟，获得不断的进步。坚持真理和修正错误，这是我们党的一个原则，也是一个问题的两个方面，缺一不可。

为了追求真理，为了人民的利益，为了自己的进步，我们有什么错误不敢公开承认和不能坚决改正呢？太阳的黑点丝毫无损于它的光辉。长江夹有泥沙，也无损于它的雄浑伟大。人有缺点错误，敢于公开改正，正说明他是一个高尚的人。有错不改，发展下去，终有一天要跌大跟头的。

第二节　卓越的知识和才能

卓越的知识和才能是人才的主体，也是学习所要猎获的主要目标。培根最为人所知的一句话便是："知识就是力量。"有了为人民服务的思想，多一分知识和才能，就能为人民多做一分贡献。同时，"人的知识愈广，人的本身也愈臻完善"①。

知识是引导人生到光明与真实境界的灯烛。

李大钊曾写道："知识是引导人生到光明与真实境界的灯烛。"知识是人类在认识世界与改造世界过程中实践和智慧的

---

① 出自高尔基语。

结晶。

　　这是时代对我们的要求。我们不但要将我们的思想觉悟体现在多少个日日夜夜的工作中，而且还要体现在每一个晨昏的努力学习中。

　　在古代，学习一直是许多人谋取个人名利的一种手段。经过"十年寒窗"，然后考举人，中进士，金榜题名，做官，攫取民脂民膏……宦囊装满了，然后告老还乡，吟风弄月。

　　"书中自有黄金屋，书中自有千钟粟，书中自有颜如玉"，因而许多人刻苦学习，希望走那条"学而优则仕"的升官发财的道路。所以，有些人往往将个人刻苦学习与个人主义混在一起。

　　今天，我们是要为祖国的未来努力，如果看不见这种变化，仍习惯地坚持旧的看法，把人们出于正确动机的学习说成是个人主义，那就会对人们的学习热情起一种压抑的作用。

　　知识是认识世界和改造世界的开山斧。盘古氏开天辟地的神话，从它本来的意义上说当然是荒诞的，因为地球、太阳以至整个宇宙都是客观存在的，不是神造的或者是某个人造的。

　　但是，如果不从地球的起源学说上看，而是从人类认识世界和改造世界的意义上看，我们一代一代确实在从事着"开天辟地"的伟业。地球上的莽莽荒野，被开辟为亿万顷良田，矿山被开发，山河被治理，工业城市一个一个在地球上出现。这不是"辟地"吗？

在茫茫宇宙空间，航空事业和航天事业在发展着，开辟了数不清的飞机航线，宇宙飞船已登上了"广寒宫"——月球。这不是"开天"吗？

所有这一切，都是由于人类在同自然界打交道的过程中，日益全面而深入地认识了客观世界的规律，获得了日益强大的认识世界和改造世界的物质力量。"开天辟地"的人类，正是利用了认识世界和改造世界的知识。

我们来到人间，要对人类认识世界和改造世界的伟业做出贡献，就一定要用知识把自己的头脑装备起来。

学习之舟要高挂理想之风帆

在学习上要有明确的目标和强大的动力。

知识是浩渺无际的海洋，学习好比一只小船行驶在知识的海洋上。

没有目的，没有方向，没有风帆，让学习之舟随浪漂泊，是不会学有所成的。强大的学习动力来自伟大的学习目的，为使学习之舟到达远方的港口，让我们高高挂起理想的风帆。

书是精神的粮食，学习就是"吃"精神食粮。任何一个人，只要活着都要吃饭，这是一种本能。

可是对于精神食粮来说，人的需要情况却不一样了。在有些人看来，没有精神食粮一样可以活着，而且可以少费脑筋，把时间花在游乐上。

只有有理想、有抱负，立志做一番事业的人，渴望探索自然奥秘的人，才会把精神食粮看得和吃饭一样重要。只要一日不学习，对知识的饥饿感就在袭击着他们。吃饭是维持肉体上的生存，而学习则是使人生放出光和热。

在社会上，在自然界，任何一项伟大的事业，都是人类理想、知识和智慧的物化表现。

每一个有志有识的青年，都应当围绕一个伟大的目标发奋学习，基础浅薄、眼高手低、志大才疏、自视非凡的狂妄之人是绝不可能有什么作为的。

要学春蚕吐丝，就必须要像春蚕那样吃桑叶才行。

你看，满天的云霞虽美，春蚕却不屑一顾，只是埋着头沙沙地吃着桑叶，到了吐丝的时候，它才骄傲地昂起头拉着丝，足以与云霞媲美。

我们一定要弄清读书和"吐丝"的关系，趁青春年少多读一些书，不然，空有"吐丝"的美好愿望，到时候却满肚空空，吐不出丝来，那才真是后悔莫及呀！

"天生我材必有用。"我们来到人间，匆匆几十年，总要做一点有益的事情，不辜负我们这个伟大的时代。

工作有三百六十行，要做的事情有千万件，本事再大的人，总不能成为包打天下的英雄，只能从事其中的一项或几项，努力把它做好。那么，我们做些什么呢？这就要根据整个国家发展的需要和自己的志愿爱好进行选择，按照主客观条件设计自己。

设计自己，这是什么意思呢？就是要把自己当作一个客观的实体看待，在改造客观世界的过程中，在工作岗位上，通过学习和锻炼使自己适应事业的需要，充分做到人尽其才。

开发一个矿山，修建一条铁路，建筑一座大厦，都要进行设计。培养和造就人才，同样也需要进行设计。

矿山、铁路、大厦都要靠人去设计，它们不会而且也不可能设计自己，因为它们是死的物体。

而人则不同，在改造世界的过程中人是可以设计自己的，这种设计是人的觉悟、理想和主观能动性的一种表现，也是一个人在事业上获得成功的重要条件。

设计自己应当建立在事业心的基础上，而不应当建立在个人算盘的基础上。这就是说，它的出发点应该是如何使自己为人民多做点有益的事情，而不是为了追求个人的名利和优越舒适的生活条件。

蜘蛛的"自我设计"是以"我"为中心，为自己布下一面捕食小飞虫的网，自己居于网中央。蜗牛的"自我设计"是随身背着一个小"安乐窝"，悠闲自在地四处爬行。有志的青年不需要这种"蜘蛛式"和"蜗牛式"的自我设计，而应当把自己设计为凌云高飞的雄鹰。

"知己知彼，百战不殆"，这是孙子兵法中关于打仗的一句著名的话。这句话对于设计自己也是有用的。"知己"就是了解自己，要从自己的实际情况出发；"知彼"，在这里可以视为了解客观需要和客观条件。这两个方面是辩证统一的。要正确地进行自我设计，两个方面缺一不可，只有这样才能使设计变为现实，获得成功。

第一，要着眼于时代的要求和社会的需要。离开了这一条，设计自己就没有正确的方向和灵魂，就失去了依据。

时代对人才的需要是多方面的，需要大批的科学技术人才和经济管理人才，需要用现代科学技术武装起来的工人、农民，需要精明能干的商业和外贸人员，需要文学家、艺术家、教师、医务人员、新闻工作者和理论工作者，需要厨师、理发师、缝纫师等各种服务业人员，需要党、政、军等各方面的干部、司法人员和社会活动家，需要保卫祖国的人民解放军战士，等等，但共同的目标都是一个——为了实现国家发展。

第二，要客观地分析自己周围的条件。设计自己，不考虑周围的客观条件是不行的，否则想得再美、设计得再好也要落空。

山上宜种树，湖边宜打鱼，平原宜种田。善于设计自己，就要善于利用周围的客观条件。自然界的一切生物，无一不是按照周围的客观条件来"设计"自己的，鱼在水中游，鸟在天上飞，有些生物的"自我设计"简直是令人惊叹不已，只不过它们的这种"设计"是适应自然的求生存的本能，不像人的"设计"是一种有意识的实践活动。

如果鱼不从水中的条件来"设计"自己，却羡慕孔雀有一副美丽的开屏的尾巴，把自己的尾巴设计成孔雀的尾巴，那鱼类还能在水中生存吗？

如果飞鸟羡慕鱼身上的银鳞，认为自己身上的羽毛土里土气，心想如果自己有那么一身银鳞，飞翔起来在阳光下银光闪闪，那该有多骄傲、多神气呀。于是把自己身上的羽毛都啄掉，希望长出银鳞来，那也早就"千山鸟飞绝"了。

我们所说的设计自己，就是有意识地充分利用现实的客观条件，使自己成长得更快一些，早日成才。

要就地扎根。见异思迁，这山望着那山高，只会使时间空过，不可能取得成功。只要是英雄，何处不是用武之地？真正的英雄是决计埋没不了的，在任何情况下都必将破土而出，除非发生天灾人祸，离开人间。

土生土长，就地吸取营养，是人才成功的重要条件之一。青年们有的在农村，有的在城市，有的在边疆，奋战在不同的战线上，工作在各种岗位上，都要立足于脚下的实地，按照国家的需要设计自己，艰苦创业。

农村是一个广阔的天地，有志者在那里是可以大有作为的，只有眼光短浅的人把农村看作茫茫无边的苦海。

要从自己的实际情况出发，有自知之明。知人难，知己也不容易。一般说来，应当是自己最了解自己，其实并不尽然。人要看见自己的面孔还得照镜子。对自己的优点、缺点，所长、所短，也往往不能正确认识，而需要别人帮助。"不识庐山真面目，只缘身在此山中"，要对自己有正确的认识，必须向实践和向周围的人们做调查。

对自己的了解越正确、越深入、越实际，则越能使设计自己建立在科学的基础上。从自己的实际情况出发，一是要考虑自己的兴趣和爱好，二是考虑自己的基础，三是发挥己之所长和避己之所短。

当然这些都是相对而言，如果自己果真有决心有毅力，这些条件都是可以改变的。兴趣和爱好不是天生的，可以改变和重新培养。基础不够可以补打基础，甚至可以从头学起。己之所短经过努力可以变成己之所长。

发挥"特短"而成功的人也是有的，这就需要更大的志气、毅力和智慧，正如经过巧匠之手可以化玉之瑕疵为神奇一样。但不管怎样，都必须正视自己的现实情况，从实际出发，综合主客观条件，力争选择一种最佳的设计方案。

杰出人才的四大要素——德、识、才、学

一个杰出的人才，应当具备四大要素——德、识、才、学。

德，是指思想品德。要有社会主义觉悟，有为真理而奋斗的革命精神和不屈不挠的坚强意志，有胆略，能团结人，不谋私利。

识，是指见识、眼光。能正确地分析形势和事物的发展趋向，具有远大而敏锐的眼光，站得高，看得远，有预见，能把握事物发展的全局和规律性，有精辟独到的见解和计谋。

才，是指能力，即运用知识解决问题的能力，或具有某一方面的专长。

学，是指知识、学问。

德、识、才、学四者的关系，如果用我国古代作战的军事体制来做比喻的话，可以说：德是主帅，识是军师，才是将

军，学是士兵。四者缺一不可。

改变世界，首先必须要有知识——士兵，知识要由能力——将军来驾驭和运用，能力又要在远见卓识——军师的指导下才能走向胜利。但是，最后起决定作用的还是德——主帅。

如果没有为理想而奋斗的精神和不屈不挠的坚强意志，没有胆略，或者不能团结人而追逐个人私利，纵然有见识、有能力、有学问，也不能最后取得事业的成功。

历史上项羽与刘邦作战，论军队数量项羽比刘邦多，力量比刘邦强，但项羽虽曾有韩信这样的将才而不能用，有范增这样有见识的谋士而不能信，最后只落得个兵败身亡。

在自然科学史上，高斯是19世纪欧洲的大数学家，他在1824年以前已经独立地取得了非欧几何学的优异研究成果，但由于他屈服于陈旧的传统观念，怕别人讥讽和反对，终生未敢公开发表。

后来，当年轻的数学家鲍耶也取得相近的研究成果，要公开向传统势力宣战时，他也不敢表示称赞和支持。

对于一个具体的人来说，德、识、才、学四个方面的情况往往不是全面发展的。有的德高才少，有的才高德少，有的学丰才低······四个方面都全面发展而且有很高造诣的人，是很少的。

我们在青年时代，要努力在这几个方面都得到较好的发展。现在一般习惯上的认识是：德是道德，智是知识。这种理解失于狭窄。

德，包括思想品德和抱负、情操等诸多素质。智，除了知识以外，还包括识和才。要提高我们认识世界和改造世界的本领，识——眼光、才——能力、学——知识，三者缺一不可。

有志的青年在设计自己的时候，应当按照德、识、才、学四个方面确定目标，提出要求，订出计划，同时还要订出锻炼身体的计划，雄心勃勃，壮志凌云，脚踏实地，走向未来。

在头脑中构筑"宝塔形"的知识大厦

庄子曾经说过一句话："吾生也有涯，而知也无涯。以有涯随无涯，殆已！"这话的前一句是对的，后一句却未必准确。

无论从宏观世界还是微观世界来看，知识的海洋都是无尽头的，渺无际涯，以有限的一生驾一叶扁舟在知识的海洋中漂泊，希图网罗全部知识，那当然不可能。

但是，天高可问，我们要登知识的"天梯"上天揽月；海深可探，在知识的海洋中我们要学会潜泳，捞取海底的宝藏。宇宙间只有未被认识之物，没有不可认识之物。

我们这一代没有认识的东西，下一代可以认识，一代一代连续下去，在无涯的知识海洋中遨游，那不是"殆已"，而是"快哉此风"啊！

以有涯的一生在无涯的知识海洋中扬帆进击，必须要研究学习上的战略问题，打好基础，确定主攻方向，选择最佳的攻关路线，并据此建造起相应的科学的知识结构。这样，就完全可以在茫茫学海中不断发现新的大陆，取得科学上新的成就。

要登知识的"天梯"上天揽月，那么这个"天梯"是什么样子呢？或者说，应采取一个什么形状的知识结构呢？

知识结构有多种多样的形式，往往因人的不同需要而异。例如：一种是"大杂院式"的，或曰百科全书式的，其特点是广而杂，无所专精。

一种是"帐篷式"的，其特点是干什么学什么，今天在这里，明天在那里，像游牧民族那样，逐水草而居，没有一定之规。

一种是"小洋楼式"的，精巧玲珑，拘于熟悉本职业务，知识上是小康之家，但无大的发展前途。

一种是"钉子型"的，在某一点上很专精，但基础很窄。

从长远的发展来说，最理想的知识结构应当是"宝塔形"的，它将广博坚实的基础与专精的知识最好地结合起来，是我们上天揽月的"天梯"。

怎样才能建造起这样的知识结构呢？

首先要学好基础知识，练好基本功，这是攀登科学高峰的基础和起点。

巴甫洛夫说："当要攀登学问的高峰以前，先应该去学习它的ABC。"又说："你们在想要攀登到科学顶峰之前，首先应当研究科学的初步知识。如果还没有充分领会前面的东西，就决不要动手搞后面的东西。"

许多在学术上有成就的人，都是先打好基础，然后才有创造性的发展，最终在某一方面有重要的建树。

例如，我国南北朝时期大科学家祖冲之，在青少年时代就下苦功夫钻研自然科学、文学和哲学，学习我国过去的和外域传来的科学成就，积累了丰富的知识，因此才能够在天文、历法、数学、机械制造等领域有卓越的贡献。

良好的数学基础不仅使他比欧洲人早1000多年把圆周率求到小数点以后第七位，而且在距今1500多年前，他就对太阳、月球等天体的运动做了较为精确的计算。

我国杰出的工程师詹天佑，在大学学习时，十分重视数学运算，演算了大量的习题。这些娴熟的运算技能对他从事京张铁路等工程建设起了很大作用。

要十分重视打好基础和苦练基本功，偷懒取巧在任何事业上都永远不会有所成就。攀高峰，做学问，正如盖高楼一样，一定要打好地基。

这样，开始也许很慢，但这种"慢"正是为了以后的快，为以后的快创造条件，到了适当的时候就会产生"水到渠成""得心应手"的效果。

慢和快是辩证统一的。没有量的渐变就不能产生质的飞跃。同时，慢中又要求快，要尽一切努力加快量的渐变的进程。

青年人正处在打基础的重要时期，一定要学好基础知识，练好基本功。

学问是实实在在的东西，必须下功夫才能有所获益。

在这一点上我主张下"笨"功夫，偷懒是不行的。我主张学习上的"笨"，就是苦学精神。

我国自古以来有许多克服困难、爱惜光阴、勤奋苦学的故事。如"映雪"，是说晋朝的孙康，年轻时因为家穷买不起灯油，在冬天夜里，就借着雪反射的亮光读书。

如"囊萤"，是说晋朝的车胤，也因家穷买不起灯油，夏天夜里读书，就捉了许多萤火虫，装在纱袋里，用萤光来照明读书。

又如"负薪"，是说汉朝的朱买臣，家庭贫穷，靠打柴为生，常常一面背着柴在路上走，一面读着书。

"挂角"是说唐朝的李密，他是个好学不倦的人，出门时骑着黄牛，牛角上挂着《汉书》，一面走一面读。

我们今天刻苦钻研、勤学苦练，无论是学习的目的、学习的内容、学习的动力、学习的方法都与古人不同，学习的条件也比古人好多了。但是，在任何困难的情况下我们都要坚持学习，这种苦学的精神我们一定要有。

在学习上，我们还要围绕主攻方向建立巩固的"根据地"和广大的"游击区"。要把建立学习上巩固的"根据地"与不断扩大学习上的"游击区"二者结合起来。

鲁迅说，读书"必须如蜜蜂一样，采过许多花，这才能酿出蜜来。倘若叮在一处，所得就非常有限，枯燥了"。"读书无嗜好，就能尽其多。不先泛览群书，则会无所适从或失之偏好。广然后深，博然后专。"

读书要有"根据地"地前进。

自古以来，许多有学问的人，博览群书，知识非常渊博，其中有一个"秘密"，就是他们在这些书中总有一部分重要的书是精读的。

因为对于每一个人来说，由于精力和时间的限制，他所读的书总是有限的，但是有一批精读过了的书，成为自己在学习和知识上的"根据地"，那么，在博览群书时，就能融会贯通，汲取这些书中的精华，扩大自己的知识领域，并不断把知识转化为才能，以知识为砖瓦，以才能为支柱，构筑知识大厦。

这样，所学的知识就不会是杂乱无章的堆积，而是一个有机的整体。

我们要在实践的基础上，学习人类的知识财富，把来自前人、他人和外域的间接知识变为自己知识体系中的"血肉"，这样，一旦需要这些知识的时候，它就会像水一样喷涌出来。

勤奋学习，科学地运筹时间

"恨不得挂长绳于青天，系此西飞之白日。"[①]时间不可留，就像人不能用绳子拴住地球不让它转动一样。但是，人可以跨上时间的骏马，同它一道向前奔驰，创造人类光辉的未来。

天才出于勤奋。这是对于天才所做的唯物主义的解释。天才并非天生之才，而是指第一流的人才。

在人生的道路上，起点都一样，后来有些人成为天才，成为对人类做出巨大贡献的非凡人物，乃是由于后天的勤奋。

一个天才的诗人，在呱呱落地时，他的哭声绝非一首美丽的诗。一个研究宇宙航行的科学家，在刚学步时，也绝非离开地球迈向宇宙。

任何天才都是后天勤奋努力的结果。

要勤奋学习，合理地运筹时间。

人生几十年，如何最有效地利用这几十年时间，科学地加

---

① 出自李白《惜余春赋》。编者注。

以安排，使之收到最大的效果，这是一门很大的学问——时间运筹学。

时间运筹学最核心的东西就是两个字——勤奋。

谁抓住了"勤奋"二字，谁就懂得了人生，谁就抓住了时间骏马的缰绳，谁就拉起了生命之舟的风帆，谁就有可能摘取天才的桂冠。

天才其外，勤奋其里。天才者，能肩负时代重任之才也，唯勤奋学习者才有可能当此大任。

我们常谈到勤奋学习，勤奋学习是什么意思呢?

勤奋学习，一要最大限度地抓住时间学习，二要最大限度地提高学习效率。也就是说，勤奋学习=学习时间×学习效率。

勤，就是最充分地利用时间;奋，就是充分发挥主观能动性，最大限度地提高学习效率和工作效率。

时间是个常数，每天、每月、每年的时间就是那么多，但是如何运筹时间，科学地加以安排，其结果却大不相同。

在人们的实际生活中，时间是被各种不同的内容分割开的，学习、工作、吃饭、娱乐、休息、睡眠、谈话、开会、参观等五彩缤纷的生活各占据一部分时间，像是在一块涂色板上涂满了各种颜料。

青年的主色是学习，要使各种颜色比例适当，色彩协调，充满青春的新绿，首先要使学习占有重要的比例和具有鲜明的色调。

时间是事业最重要的筹码，能否善于运筹时间是事业能否取得成功的一个重要条件。

生命所给予每个人的时间，大体上都是相差不多的，但是在每个人一生中，时间所发挥的效果却大不相同。有的人虽然在年轻时就离开人间，却做出了光辉成就；有的人虽然长命百岁，却白白虚度光阴。

时间具有绝对的性质，同时又具有相对的性质。时间的绝对性质在于地球自转一周就是一天，地球绕太阳一周就是一年，人的一生不过是随着地球绕太阳几十圈而已，在宇宙间不过是极短暂的一瞬。

时间的相对性又在于，"节省时间，也就是使一个人的有限的生命，更加有效，而也即等于延长了人的生命"[1]。

---

① 出自鲁迅文集《准风月谈》中的《禁用和自造》。编者注。

古今中外，一切对于人类进步事业做出伟大贡献的人物，大都是以节省时间大大延长了自己生命的人。

郭沫若对周总理的工作情况曾有过一段感人的精彩的描述："我对于周公向来是心悦诚服的。他思考事物的周密有如水银泻地，处理问题的敏捷有如电火行空，而他一切都以献身精神应付，就好像永不疲劳。他可以几天几夜不眠不休，你看他似乎疲劳了，然而一和工作接触，他的全部心身便和上了发条的一样，有条有理地又发挥着规律性的紧张，发生和谐而有力的律吕。"①

无限地忠诚于无产阶级革命事业，把自己全部的精力和才华都献给真理，献给人民，使生命的每一分钟都为中华之崛起和飞腾于世界而呕心沥血地工作，这就是周恩来总理对时间的运筹。

善于运筹时间，首先要认清方向，选准具体的奋斗目标，力争不走弯路和少走弯路。

培根说得好："跛足而不迷路能赶过虽健步如飞但误入歧

---

① 出自郭沫若《洪波曲》。编者注。

途的人。"

两点之间，直线最近。在人生的道路上，虽然没有直线，但总要避免大的曲折，选择一条最佳的前进路线。

这就要站得高，看得远，善于总结历史的经验教训，不要把时间消耗在迷途和弯路上。

善于运筹时间，必须紧紧地抓住当前，并有效地行动起来。

李大钊在《"今"》中有一段关于时间的精辟论述："吾人在世，不可厌'今'而徒回思'过去'，梦想'将来'，以耗误'现在'的努力。又不可以'今'境自足，毫不拿出'现在'的努力，谋'将来'的发展。宜善用'今'，以努力为'将来'之创造。"

要驾驭时间的骏马，干出一番事业，就要紧紧抓住"今"之缰绳。生活中的无数事实证明，"取道于'等一等'之路，走进去的只能是'永不'之室"①。

颜真卿诗云："三更灯火五更鸡，正是男儿读书时。黑发不知勤学早，白首方悔读书迟。"

_____

① 塞万提斯的名言。编者注。

伤逝流年，好像是在珍惜时间，其实是在浪费今日之生命。叹息"流水落花春去也"，实际上是把大有作为的夏日当作春天的殉葬品。去日已矣，来日可追，"把你的负担卸在那双能担当一切的手中吧，永远不要惋惜地回顾"。

引经据典

出自印度作家泰戈尔创作的诗集《吉檀迦利》。这是一部宗教抒情诗集，书名寓意"奉献给神的祭品"。他以轻快、欢畅的笔调歌唱生命的枯荣、现实生活的欢乐和悲哀，表达了对祖国前途的关怀。泰戈尔凭借该作获得1913年诺贝尔文学奖。

也不要沉浸在未来美好的向往中而放松了眼前的努力，山上风景再好，如不一步一步努力攀登，是永远不会到达的。

善于运筹时间，还必须在事业上专心致志，使有限的时间发挥其最大的效率。无论读书、工作和研究问题，都要使自己的精力像激光一样集中于一个方向，"对一种特定对象的强烈欲望，使灵魂看不见其余一切"。

　　这是事业成功的一个重要奥秘。牛顿在思考问题时把表当作鸡蛋放到锅里去煮，从表面看来是一个笑话，但这个笑话寓有一个真理，即这种能进入表和鸡蛋无差别境界的人，他的灵魂已进入探索真理之域了。

　　善于运筹时间，还需要尽量采用现代化的工具和科学的方法。采用现代化的工具，从一定意义上说就是时间的延长。比如坐火车比走路要节省时间，运用电子计算机和计数器比用笔算要节省时间，等等。

　　运用科学的方法将成十倍、百倍地提高学习和工作效率，从相对意义上说也是时间的延长。

　　明朝文学家冯梦龙所辑的《广笑府》中有一篇《下公文》的笑话："有急足下紧急公文，官恐其迟也，拨一马与之。其人逐马而行。人问：'如此急事，何不乘马?'曰：'六只脚走，岂不快于四只!'"为赶急事有马不骑而赶着马走的人，可能世上没有，但在实际生活中这种类似的情况大概还是不少的，因此而浪费掉的时间更不知多少。

——引经据典——

《广笑府》为明代文言谐谑小说，明朝冯梦龙纂辑，是后世广为流传的古代笑话故事集。

向科技工具要时间，向科学的方法要时间，这是一个很大的课题，从相对意义上说，是延长生命的一个重要途径。

善于运筹时间，最后，还有一个十分重要的问题，就是科学地安排时间。既要善于利用整块的时间，又要善于利用"时间下脚料"——零碎的时间。

既要善于利用8小时以内的工作时间，又要善于利用8小时以外的业余时间。

要掌握运用时间的优势，用头脑最清醒、工作与学习效率最高的时间做工作、学习、科学研究上最重要的事情。

俗话说"好钢用在刀刃上",在时间的运筹上也是这个道理。同时对什么时间做什么事合适要有全面的统筹安排,使各得其所。

科学地安排时间还有一层意思,就是要保持时间运用上的高效率,这除了专心致志和不受周围环境的干扰以外,还要适时地进行工作、学习的调换和注意劳逸结合。

工作和学习上的适时调换,就像在长途跋涉中挑担子换肩膀一样,是一种积极的休息,寓休息于工作和学习之中。这也就是说:"在变化中得到休息。"

劳逸结合,则好比砍柴要磨刀,把砍柴与磨刀结合起来,绝不会耽误砍柴。

引经据典

出自古希腊哲学家赫拉克利特的残篇摘录。赫拉克利特是一位富有传奇色彩的哲学家,爱非斯学派的创始人。他认为万物都处于不断的变化之中,持对立统一观念,列宁称其为辩证法的奠基人。其著有《论自然》一书,现有残篇留存。

古罗马的哲学家塞涅卡曾经写道："一切都不是我们的，而是别人的，只有时间是我们自己的财产，造物交给我们，归我们所有的，只有这个不断流逝的、不稳定的东西。"他对自己时间的每一笔支出都要记账，计算自己的时间，努力节约时间。

苏联昆虫学家柳比歇夫从26岁开始，便实行一种"时间统计法"，每天都要核算自己的时间，一天一小结，每月一大结，年终一总结，总结完上一年，就制订下一年的计划。

他还把自己一生的时间制订成一个个五年计划，每过五年，就把度过的时间和做过的事进行一番分析研究。直到去世的那一天，五十六年如一日。在一生中，柳比歇夫发表了70来部学术著作。

他的每篇论文，都有时间的"成本"核算。例如，在《论生物学中运用数学的前景》一文的手稿中，他在最后一页上写道：

准备（提纲、翻阅其他手稿和参考文献）14小时30分

写　　　29小时15分

共费　　43小时45分

共8天，1921年10月12日至19日。

　　柳比歇夫是非常善于安排时间的。如他自己所说，在一天中，"清早，头脑清醒，我看严肃的书籍（哲学、数学方面的）。钻研一个半到两个小时以后，看比较轻松的读物——历史或生物学方面的著作。脑子累了，就看文艺作品"。

　　他对"时间下脚料"的利用，考虑得无微不至，连乘车、散步、排队的时间都用来学习或做对研究工作有益的事情。英语就是他主要利用"时间下脚料"学会的。

　　富兰克林曾说："你热爱生命吗？那么别浪费时间，因为时间是组成生命的材料。"

　　有些人把生命看得很重，却把时间看得很轻，任意浪费。这是一种慢性自杀。

　　"黄鹤一去不复返，白云千载空悠悠。"时间是不能停留更不会倒转的，像黄鹤一样飞走了再也无处寻觅。没有生命的白云，无所事事，可以长年累月在空中悠悠晃晃，百无聊赖，时间对它根本没有用，也毫无意义，因而可以任意开销打发时间，而我们则不然。

李大钊曾说："世间最可宝贵的就是'今'，最易丧失的也是'今'。"我们一生只有匆匆几十年，生命急速流逝，怎样科学地运筹时间，有意义地度过一生，则是一个十分严峻的问题。

青年们来日方长，在时间上是最大的富有者，但是你们千万不可在时间上摆阔气。因为不要多久，你将一贫如洗，最后连万分之一秒的时间也不再属于你。

真正懂得人生价值的人，善于珍惜每一分钟，因为他们懂得：时间虽然不可留，但是它可以同人们创造性的劳动和智慧融合在一起，转化为人类的物质文明和精神文明，从而长留人间。

这正如黄鹤虽去，但黄鹤楼犹在。后人登黄鹤楼的时候，会想起乘黄鹤而去的前人。

加里宁说："青年时期是一个美好的又是一去不可再得的时期，是将来一切光明和幸福的开端。"让我们抓住这个开端奋发努力吧！

学习上要独立思考

在学习上要独立思考，莫学藤攀树只能依附于树，而要像树钻天，拔地而起。

孔子说："学而不思则罔，思而不学则殆。"这是对学和思的关系所做的极为精辟的论述。我们经常谈论学习，究竟什么是学习？关于这个问题，人们有着各种不同的理解。

从广义上说，学习包括知和行两个方面。知，是认识世界；行，是改造世界。改造世界也是一种学习。只重视知而不重视行，那就是"有知识的人不实践，等于一只蜜蜂不酿蜜"。

引经据典

出自波斯诗人萨迪的诗句，萨迪被誉为"波斯古典文坛最伟大的人物"，他有30年云游四方的经历，使他广泛接触了社会各阶层人物，亲身体验了穷苦大众的悲惨生活，对他的世界观和文学创作有较大影响。

只重视行而不重视知，那就是"无知识的热心，犹如在黑暗中长征"①。

知和行是不能截然分开的，很大程度上两者在人的一生中是相伴而行，互相促进。但从学生时期来说，学习主要是认识世界，我们通常所讲的学习就是从狭义——认识世界上说的。离开了认识世界和改造世界来谈学习，就不能真正懂得什么是学习，甚至会陷入迷津。

常见的一种对学习的错误理解是：把头脑当作仓库，把学习看成是知识的搬运工，从书本上一船一船、一车一车地把知识搬到头脑里贮存起来。这种对学习的理解是形而上学的。"博学并不能使人智慧。"②只有在认识世界和改造世界中善于独立思考，才能开出智慧的奇葩。

在头脑中可以而且应当建立一个精致的小"图书馆"，但是头脑中的这个小"图书馆"和一般贮存大批图书的图书馆不一样，而是经过自己思维的消化，把书本上的知识变成自己的知识，能够正确地认识世界，进而改造世界。

---

① 出自牛顿语。
② 出自赫拉克利特语。

比如吃饭，我们并不是简单地把大米、面条、鸡蛋、猪肉、蔬菜运进肚子里贮存起来，而是要经过口腔的咀嚼和肠胃的消化，吸取其精华，排除其糟粕，把食物变成自己身上的血肉。

不管吃猪肉、羊肉、鸡肉，都要经过消化，变为我们自己身上的肉。如果吃猪耳朵，头上长个猪耳朵，吃冬瓜，在肩膀上结个大冬瓜，那事情岂不麻烦了吗？

所以，不管是吃东西还是学习，都要经过自己的消化。乌申斯基说过："书籍对于人类原有很大的意义……但书籍不仅对那些不会读书的人是哑口无言，就是对那些机械读完了书而不会从死字母中吸取活思想的人，也是哑口无言的。"

佩特拉克说："书籍使一些人博学多识，但也使一些食古不化的人疯疯癫癫。"在学习上要独立思考，其实质就是在学习知识上要经过自己头脑的消化。

有些机械的记忆和模仿是需要的，但总的来说，记忆和模仿也要建立在理解的基础上。

至于理解，需要一个由浅入深、由窄到宽的发展过程，那不要紧，随着年龄的增长和实践经验的丰富，随着学习的深入和知识面的扩大，知识也会越来越深入，越来越广阔，但是在学习过程中一定要养成独立思考的习惯。

知识浩如烟海，且往往在同一问题上学派鼎立，众说纷纭，莫衷一是。特别要指出的是，在各种知识中往往掺杂着一些假知识。

萧伯纳曾提醒人们："你应该小心一切假知识，它比无知更危险。"

我国古语也说："尽信书，则不如无书。"如果不能独立思考，在学海中随波漾舟，人云亦云，那就不知会漂荡到何方。

独立思考不是离开事实来"独立思考"，不是离开对文化遗产的批判继承来"独立思考"。

离开了事实去独立思考，就会像算卦先生一样，瞎说一通；离开了对文化遗产的批判继承去独立思考，就只好回到无知、落后的原始社会去，一切都从头做起。

牛顿曾说："如果我所见的比笛卡尔要远一点，那是因为我站在巨人肩上的缘故。"离开了前人的研究成果，人类的科学文化知识就不可能得到发展。

所以，我们所要的独立思考，是建立在对大量的材料和事实的分析研究上，敢于根据新的条件、新的事实提出新的见解、新的结论；我们所要的独立思考，是用批判的态度，检验古代的文化遗产，吸收其精华，排除其糟粕。

因此，独立思考，是一种科学的学习态度和研究态度，要攀登科学文化高峰就必须具备这种态度。韩愈的名篇《进学解》中有云："业精于勤，荒于嬉；行成于思，毁于随。"

对那些人云亦云，不动脑筋，躺在书本和现成理论上的学习态度，或者随风倒的态度，我们都必须加以反对。

这里，我们讲一个关于列宁的学习故事。有一次，列宁读了马克思给恩格斯的一封信，里面提到拉萨尔的一部著作，简直是很幼稚的粗糙作品，根本没有一点新的东西。列宁为了真正了解马克思的结论"这本书根本不值得一读"，他认真地读了拉萨尔这部题为《爱非斯的晦涩哲人赫拉克利特的哲学》的"大著"两卷，一共是858页的篇幅。

列宁这样做是不相信马克思的结论吗？不是。这是因为列宁并不满足于单单知道这个完全正确的结论，他还要通过自己的刻苦钻研，弄清楚马克思做出这个结论所走的道路。

在科学上，我们还要富于幻想。对于现实来说，科学是实实在在的东西，但对于未来来说，特别是遥远的未来，科学也应当有一点浪漫主义的色彩，这不但不会损伤科学的严谨性，而且对科学的发展是十分重要的。

科学上的幻想是人们对于未来所企望达到的但还不够切实的一种想象，和科学并不矛盾。把科学建立在幻想的基础上而不是建立在研究客观规律的基础上，那自然是荒诞的，唯心主义的；但是，让思想插上翅膀，冲破现实条件的禁锢，飞向目前科学手段还不能达到的疆域，则是向不可知论的勇敢挑战。

幻想，往往是科学的先导。随着社会的不断进步和科学的不断发展，许多幻想将会转化为现实。伟大的科学家应该是一个伟大的幻想家。

有句话说得很好："人不想上天，哪里会有飞机?"上天在过去曾经是幻想，现在人不是可以坐飞机上天了吗？过去"千里眼""顺风耳"是小说里的神话，现在电话不就是"顺风耳"，网络真不就是"千里眼"吗？

过去传说孔明造木牛流马，现在的火车、汽车比孔明的木牛流马不是远胜千百倍吗？过去到广寒宫，那是诗人的幻想，现在地球上的宇宙飞船不是已经到了那里吗？

在遥远的将来，我们坐宇宙飞船遨游太空，也许就可能像现在坐艘小船在大湖里游荡一样。敢于插上思想的翅膀，富于幻想，这对我们攀登科学文化高峰，也是很重要的。

不骄不馁，攀登高峰

攀登科学文化高峰，要不骄不馁，既不满足现状、墨守成规，也不碰到困难就灰心。高尔基曾说："只有不断努力，才是进步的象征。"

毛泽东说："知识的问题是一个科学问题，来不得半点的虚伪和骄傲，决定地需要的倒是其反面——诚实和谦逊的态度。"[①]

骄傲和自满是学习上的敌人。有些人只知道困难是"拦路虎"，殊不知骄傲和自满也是"拦路虎"。所不同的是，困难是"吊睛虎"，自满是"笑面虎"罢了。

有些人在困难面前没有屈服，是"吊睛虎"前的武松，而在一个小小的成就和胜利面前却瘫软下来，做了"笑面虎"嘴

---

① 出自毛泽东《实践论》。编者注。

147

里的绵羊。

少年得志，年轻时就有一些成就，这本来是一件极好的事，如果我们能继续保持谦虚的态度，努力学习，那前途是不可限量的。

但是，好事有时也会变成坏事。我们有些青年在学习的道路上，刚登上一个山头，或者一路顺利时，就骄傲、自满起来。

骄傲、自满就像一杯浓酒，喝了这杯酒就醉醺醺的，眼前就会天旋地转，明明前面还有高耸入云的山峰，却看成是匍匐在自己脚下的土丘，于是这也瞧不起，那也瞧不起。如果这时再不听劝告和批评，使自己从骄傲中醒来，继续向山顶前进，那就会在山腰停滞甚至摔下来。

因此，在攀登科学高峰的时候，要十分清醒地警惕：不要骄傲、自满。这样，才能稳步攀上科学高峰的光辉顶点。

要真正学到一点东西，就要虚心。譬如一个碗，已经装得满满的，哪怕再有好吃的东西，像海参、鱼翅之类，也装不进去。如果碗是空的，就能装很多东西。装知识的碗就像神话中的"宝碗"一样，永远也装不满。

当你自认为满了的时候，它就满了，再也装不进知识了。在学习上所谓"自满"，这个"自"字很有道理，"自满"，只是你自认为满，并不是知识真的满了。

巴甫洛夫说："任何时候也不要认为你什么都懂，不管别人怎样称赞你，你时时刻刻都要有勇气对自己说：'我是门外汉。'"还说："要学会做科学的苦工。其次，要谦虚。第三要有热情。请记住，科学需要人的全部生命。"

学习是永无止境的。

古语说，"学然后知不足"，真正懂得此中奥秘的人，不是越学越满足，而是越学越虚心。因为他越深入地学进去，就越深深地看到了无比广阔、无比奇丽的知识世界，也越感到自己知道的东西少，越发努力地学。

天天学，时时学，都唯恐不足，哪还有自满的份儿？

倒是有些学习上胸无大志的人，知识并不多而又对学习认识不足的人，才容易自满。他并没有深入学习的宝山，只是在山坡上远远一望，就自以为群山尽在眼中。

这样，当然学不到广博而精湛的知识。我们攀登科学文化的高峰，不是攀登一个高峰就可以停歇的，而要看到"山外青山天外天"，爬上一个高峰，再爬上一个高峰，飞上一重天，还要飞上二重天、三重天……

鲁迅有句名言："不满是向上的车轮，能够载着不自满的人类，向人道前进。"①契诃夫说："对自己不满足，是任何真正天才的人的根本特征。"在攀登科学文化高峰时，我们也要有不断革命的精神，永不自满，永不停歇。

在科学文化上要有所成就，必须有一种韧劲，在任何困难面前不退缩。马克思在写《资本论》时，所遇到的困难是难以想象的。生活的困苦，疾病的袭击，他都不为所动，而以惊人的毅力和热情写作这部巨著，正如他给恩格斯的一封信中所说的，哪怕是整个房子塌下来压在头上，也要完成这部巨著。

在攀登科学文化高峰时，也一定不要害怕失败。对于一个有志之士来说，在科学技术的实验上，失败没有什么了不起。

如果说失败了一百次，那么我们的任务就是毫不犹豫地去干一百零一次，认真地总结经验教训，在失败中摸索出一条前

---

① 出自杂文《不满》，发表于《新青年》第6卷第6号，后收入《热风》。

进的道路来。

在科学发展史上，在当前科学实验中，实验——失败——再实验——再失败——再实验……直至成功，这样的例子还少吗？

英国物理学家开尔文说："我坚持奋战五十五年，致力于科学的发展。用一个词可以道出我最艰辛的工作特点，这个词就是'失败'。"

英国物理学家法拉第说："世人何尝知道，在那些通过科学研究工作者头脑的思想和理论当中，有多少被他自己严格的批判，非难的考察，而默默地、隐蔽地抹杀了。就是最有成就的科学家，他们得以实现的建议、希望、愿望以及初步结论，也只不到十分之一。"

德国物理学家赫姆霍兹曾谈到他攀登科学高峰的实际体会："1891年我解决了几个数学和物理学上的问题，其中有几个是欧拉以来所有大数学家都为之绞尽脑汁的……但是，我知道，所有这些难题的解决，几乎都是在无数次谬误以后，由于一系列侥幸的猜测，才作为顺利的例子中的逐步概括而被我发现。这就大大削弱了我为自己的推断所可能感到的自豪。

"我欣然把自己比作山间的漫游者，他不谙山路，缓慢吃力地攀登，不时要止步回身，因为前面已是绝境。突然，或是由于念头一闪，或是由于幸运，他发现一条新的通向前方的蹊径。等到他最后登上顶峰时，他羞愧地发现，如果他当初具有找到正确道路的智慧，本有一条阳关大道可以直达顶巅。在我的著作中，我对读者只字未提我的错误，而只是描述了读者可以不费气力攀上同样高峰的路径。"

失败多种多样，要进行具体分析。一种失败是历史的必然，是不可挽回的，如反动没落阶级的失败。一种失败是前进过程中的暂时失利，如在革命斗争中出现的一些曲折。还有一种失败，其实并不是失败，而是步步接近了胜利。

在科学实验上往往有这种情况，从某次实验本身来说它是失败了，但从整体上看，是向成功跨进了一步。

失败往往是成功的先导，善于从失败中总结经验教训，就会转败为胜。写到这里，我想起一个国王和蜘蛛的故事。

从前有一个国王，他的国家遭受强敌侵略，他率领军队英勇抵抗，一连吃了很多败仗。他逃到大山里，精疲力尽地躺在一棵大树下，唉声叹气，说："这下可完了，国家要亡了。"

这时候，天气阴沉，刮着大风，树上一只蜘蛛在结网。它拉一根丝，被风吹断，再拉一根，又给风吹断了。就这样，一次，两次，三次……蜘蛛终于把网结好了。

这个情景给国王很大启发，他猛地醒悟过来：失败怕什么，从头再干。于是，他回去重整旗鼓，经过几次激烈的战斗，终于把侵略者赶跑了。

学习上也是如此，一定要有这种不怕失败的英勇顽强的精神，才真正能够把知识学到手。

第三节 健全的体魄孕育健康的精神

除了通过学习来培养崇高的思想品德和获得卓越的知识与才能以外，还必须学会锻炼身体。

巴甫洛夫曾对献身科学的青年说："科学需要一个人贡献出毕生的精力，假定你们每个人能够活两辈子，这对你们来说还是不够的。为了要利用自然界的宝藏，并使这种宝藏能为人类造福，我们必须身体健康，精力充沛，智力聪颖。"

对待身体健康要有远大眼光

毛泽东曾寄语青年们要做到"身体好，学习好，工作好"，把身体好放在极其重要的位置。

1951年他还曾嘱咐青少年说：有志参加革命工作的人，必须锻炼身体，使身体健强，精力充沛，才能担任艰巨复杂的工作。

毛泽东在年轻的时候，就很注意为革命锻炼身体，坚持冷水浴、风浴、游泳、登山、露宿和长途步行等活动。

那时，他认为，冷水浴足以练习猛烈与无畏，又足以练习敢为，是一种很好的锻炼方法，因此，他一年四季从不间断。

冬天冷水浴后，他还穿着单衣到山上进行风浴，有时下大雨，还和同学们一道冒雨登山或到运动场跑步，进行雨浴。他不但自己努力锻炼身体，而且还举我国古代的一些有名人物的例子来劝别人注意身体健康。

例如，孔丘最得意的学生颜回，西汉极有才华的学者贾谊，都因身体弱不禁风，年纪轻轻的就死掉了。

毛泽东劝人们效法文而兼武的颜习斋和老年还能漫游天下

的顾炎武。在阐明德、智、体的辩证关系时，他还做过形象而通俗的比喻：德、智、体三项并举，德、智皆寄于体，体是"载知识之车""寓道德之舍"。

毛泽东坚持锻炼身体，数十年如一日，直到70多岁高龄时还斩波劈浪，畅游长江。

王若飞在敌人的监狱中仍注重锻炼身体，每天中午还利用"放风"的时间在院子里做日光浴。他经常对监狱中的同志们说：一个革命者，不只要思想正确、政治立场坚定，而且要身体坚强。

如果没有坚实的身体，就很难担负艰巨的任务，也很难应付残酷的斗争。我们青年应当学习革命前辈重视锻炼身体的精神，把我们的身体锻炼得更加强壮。

解放军要保卫祖国，守卫在边疆和海岸，白天黑夜，刮风下雨，有时是在零下三十摄氏度的雪山上，有时是在酷热的岛屿上和森林里，有时是在波涛翻滚的大海上，一旦打起仗来，行军、战斗、拼刺刀……没有健全的体魄行吗？

有人说，我将来当教员、坐机关、搞科学研究工作，身体差些没有什么关系。其实，做好这些工作也同样要有健全的体魄。

法国思想家卢梭曾说："身体必须要有精力，才能听从精神的支配。"虚弱的身体使精神也跟着衰弱。没有健全的体魄，就不能很好地坚持工作，就会使工作受到损失。这样的实例，在我们的实际生活中难道还少吗？

青年正是发育的时期，正是长身体的时期，锻炼身体和保持身体健康尤为重要。有些人对身体健康重视不够，是一种眼光近视的表现。

如果我们在年轻时不注意锻炼身体，不注意身体健康，纵使思想很好，有满肚子学问，但是身体弱不禁风，三天两头害病、住医院，给家庭带来许多困难，那时内心是多么痛苦啊！切不要认为我们现在年轻，满不在乎，既不注意锻炼，又不注意休息，在"满不在乎"中就会给将来种下病根，种下后悔的根苗。在这个问题上，我们一定要有远大眼光。

再者，锻炼身体对培养和锻炼青年一代的精神面貌也有重大的作用。锻炼身体可以培养我们坚强的意志，可以使我们勇敢、顽强。例如跳高，前面的横杆就是横着的困难，要跳过去，就要一次、两次、三次……百折不回地锻炼我们的意志和决心。

如果是登山运动，前面横着险阻的大山，要征服这座大山更需要我们有顽强的意志和坚定的信心。又如打篮球和踢足球，要取得胜利就要紧密配合，齐心协力，爱护集体的荣誉，服从统一的指挥，这对锻炼我们的集体主义精神和组织性、纪律性，也是有益的。

体育活动是多种多样的，又可以引起我们多方面的兴趣，使我们充满愉快的心情和乐观的情绪。

毛泽东在《水调歌头·游泳》中写道："万里长江横渡，极目楚天舒。不管风吹浪打，胜似闲庭信步……"这是一种多么感人的豪情啊！

怎样增强体质

那么，我们怎样才能增强体质，具有健全的体魄呢？

第一，要经常认真地锻炼身体，积极参加各种体育活动。

现在许多单位、学校都有广播体操或课间操，有的还开展了拳类活动，这些对锻炼身体都是有益的，其他比如田径运动、水上运动、球类运动等，也都是我们锻炼身体的重要手段。在进行体育锻炼时，还要从自己的身体情况出发，选择适合自己的锻炼项目，量力而为，逐步增加运动量，不要过度，也不要间断，按照科学的方法进行锻炼。

第二，要讲究卫生，防止疾病。我国有句老话叫"病从口入"。许多传染病和寄生虫病，如痢疾、伤寒、蛔虫等，都是由于吃了不清洁的、带病菌的或有寄生虫卵的食物引起的。

我们必须注意饮食卫生，并做到饮食的定时定量，以免引起消化不良和各种消化系统的疾病。我们还要注意保持皮肤的清洁，勤洗澡，勤换洗衣服，勤剪指甲，不使细菌繁殖，最好还能进行冷水浴和日光浴。

第三，要注意劳逸结合，使生活有规律。工作和学习的时候，专心地工作和学习；休息的时候，也要善于休息。每天应保持8小时的睡眠时间，生活应当有规律。

巴甫洛夫说："在人类机体活动中，没有任何东西比节奏性更有力量。"美国著名物理学家、诺贝尔奖得主费米的夫人在回忆科学家费米时说："恩里科头脑里的闹钟走得极端准确。我们在1点钟吃中饭，8点钟吃晚饭，恩里科从来不迟也不早。在下午3点钟的时候，他便暂时停下来，读读报纸或者干脆打一场网球，然后再回去工作。甚至连实验室里的实验也一定要达到非常有趣的程度，才能稍许打乱他的时间表。……恩里科是个条理井然的人。"

此外，我们还要注意不要沾染上坏的嗜好，要从小就在生活中注意培养各种良好的习惯。养成朴素的生活习惯，也是增进身体健康的一个重要因素。

有些青年身体不好，常常生病，或者有神经衰弱等慢性病，应当怎样对待呢？是消极、苦闷、悲观失望吗？不，对待我们身上的疾病，应当如对待工作和生活中的困难一样，要充满乐观主义精神。

在战略上要藐视它，不要为疾病吓倒；在战术上要重视它，有了疾病不要麻痹，要及时治疗。

毛泽东对于如何对待疾病曾有这样一段话："既来之，则安之，自己完全不着急，让体内慢慢生长抵抗力和它做斗争直至最后战而胜之，这是对付慢性病的方法。就是急性病，也只好让医生处治，自己也无所用其着急，因为急是急不好的。对于病，要有坚强的斗争意志，但不要着急。这是我对于病的态度。"

　　我们应当学习这种同疾病做斗争的顽强精神。有点病就消极、苦闷，首先在思想上就不健康了，病魔还未折磨倒自己，而自己首先在思想上当了俘虏，这不是一个青年应有的态度。

　　至于有些人本身并没有什么病，却神经过敏，终日疑虑，思想上负担很重，这更是不对的。

第四章　奋斗：终与成功相逢

鲁迅曾说："什么是路？就是从没有路的地方践踏出来的，从只有荆棘的地方开辟出来的。"

人是要有一点精神的。在人生的七弦琴上，奋斗之歌是它的最强音。青春之歌，生命之歌，理想之歌，胜利之歌，英雄之歌，都是奋斗之歌。

种子破土而出，长成不畏风雨的参天大树，要奋斗。涓涓的细流汇成江河，东流入海，要奋斗。于荆棘纵横、崎岖无路处走出路来，要奋斗。

奋斗的道路，是古今中外一切真理和正义的事业取得胜利的道路，也是各类人才获得成功的道路。艰难困苦和各种逆境是产生杰出人才的摇篮，大浪淘沙，唯有有志有识和坚韧不拔之士才能获得成功。

"飞瀑正施千障雨，斜阳先放一峰晴。"

引经据典

出自清代林则徐所作《即目·万笏尖中路》，林则徐被任命为云南乡试正考官，途经贵州时看到雨后放晴的景色宜人，遂作此诗。

有伟大革命理想的人，不论眼前的现实生活是多么艰难困苦，不论理想的实现是多么遥远曲折，也不论在实现理想的道路上遇到多少危险与失败，他们总是满怀革命乐观主义精神，积极地奋斗。

徐特立是在第一次国内革命战争失败时入党的。毛泽东在给徐老的信中说："当革命失败的时候，许多共产党员离开了共产党，有些甚至跑到敌人那边去了，你却在1927年秋天加入共产党，而且取的态度是十分积极的。"

徐老也曾追忆过当时的情景："大革命失败以后，国民党反动派屠杀工农，屠杀共产党员和国民党左派以及一切进步人士。我也来到武汉过着流亡的生活。到武汉后，有人劝我说："革命已经失败了，你还来干什么，给你点路费，赶快逃去吧……'我听了非常气愤。干革命还怕失败？正是因为革命失败了，我们才得干，逃跑算什么！"

就在这白色恐怖正盛的时期，50岁的徐特立加入了中国共产党。这正是正确对待理想和现实的榜样。

黑格尔曾热情洋溢地写道："朋友们，朝着太阳奔去吧，为了人类的幸福之花快点开放！挡住太阳的树叶能怎么样？树枝能怎么样？——拨开它们，向着太阳，努力奋斗吧！"

风浪能怎么样？暗礁能怎么样？困难的大山又能怎么样？劈开它们，排除它们，征服它们，我们必将用团结奋斗赢得光明幸福的未来。那时，当我们回顾这一段崎岖的征程时，将是何等自豪哇！这正是："谁道崤函①千古险，回看只见一丸泥。"②

---

① 崤函指崤（xiáo）山和函谷关，在河南灵宝。
② 出自林则徐诗《出嘉峪关感赋·其一》。

第一节　奋斗的精神

艰苦奋斗是中华民族的光荣传统

一个人有无伟大的理想和志气，归根结底要看他是否为了一个伟大的理想和志气艰苦奋斗。不能艰苦奋斗和害怕艰苦奋斗的人，尽管他把理想谈得天花乱坠，也不过是"叶公好龙"式的人物，根本谈不上有真正伟大的理想和志气。

艰苦奋斗是我们中华民族的光荣传统。

相传在我国远古的时候，发生了一次很大的水灾，洪水泛滥，到处都成泽国。《尧典》上记载说："汤汤洪水方割，荡荡怀山襄陵，浩浩滔天，下民其咨。"

引经据典

出自西汉的儒家经典《尚书》，书中记述了唐尧的功德、言行，是研究上古帝王唐尧的重要资料。因是记叙尧舜事迹的书，故名《尧典》，又称《帝典》。

开始时，尧命鲧治水，"九年而水不息"。

后来尧又命鲧的儿子禹治水，禹就立下雄心壮志，非把洪水治好不可。为此，"禹八年于外，三过其门而不入"①。战国时，楚国人尸佼所著的《尸子》中还记载说：禹"疏河决江，十年未阚其家，手不爪，胫不毛。生偏枯之疾，步不相过"。

这是说禹为了治水，十年未回家，手上指甲磨得光光的，小腿肚上连毛也不生，还不到老年，就得了一个半身不遂的病症，勉强走路，也一跛一颠的，后步跨不到前步。

正因为禹一心要实现治水的雄心壮志，他把个人的物质享受、家庭生活都置之度外。这些虽属于远古的传说，却反映了我们祖先的艰苦奋斗精神。

卧薪尝胆的故事也是很能反映艰苦奋斗精神的。

在春秋战国的时候，越王勾践被吴王夫差打败了，被围困在会稽，忍辱求和。据《史记·越王勾践世家》记载："吴既赦越，越王勾践返国，乃苦身焦思，置胆于坐，坐卧即仰胆，

---

① 出自《孟子·滕文公篇》，另据《史记·夏本纪》记载：禹"劳身焦思，居外十三年，过家门不敢入"。

饮食亦尝胆也。曰：'女①忘会稽之耻耶？'……"

这是说勾践立下了向吴国报仇之志，回国以后，唯恐自己沉醉于物质生活，忘报国仇，于是晚上睡在柴草上面，每天饭前都要尝尝悬挂在床前的苦胆，并且还时常对自己说："不要忘记会稽的耻辱哇！"这就叫"卧薪尝胆"。后来越国终于打败了吴国，报了国仇。

我们再讲一讲谈迁是怎样写明史《国榷》的。谈迁是明末浙江海宁人，是当时的大历史学家。

谈迁28岁守丧在家时读了不少明史，觉得其中错误甚多，他便下定决心要编写一部真实可靠的明史。可是，谈迁家境贫穷，买不起书，当时又没有图书馆可以借书。

为了抄借材料，他到处求人。有时为了看一点材料，要带着铺盖和粮食跑一百多里路。

就这样日复一日，年复一年，花了27年的时间，六易其稿，这部巨著才编成了。

可是，不幸得很，这部书稿在一天夜里被人偷走了，这对

---

① 女，同汝。编者注。

谈迁是一个多么严重的打击呀！

但是谈迁并没有灰心，他痛哭了一场，心想："我的手不是还在吗？再从头干起！"他左手揩干眼泪，右手又拿起笔来；第二次写《国榷》，比第一次更艰苦。

这位年近花甲的老人为了调查研究、搜集材料、核对事实，到处奔波。又过了八九年的时间，当他白发苍苍，已到60多岁的时候，这部巨著才算完成了。谈迁的这种干劲，是多么值得称赞哪！

回顾我国革命所经历的道路，诸如：创建井冈山革命根据地，五次反"围剿"，二万五千里长征，十四年抗战，推翻国民党的反动统治，建立新中国……一个个艰苦卓绝的奋斗过程，充满了难以计数的动人事迹。这里，让我们看看在过去革命的艰苦岁月里，南泥湾大生产的情况吧：

1941年是陕北解放区十分困难的一年。日本侵略者集中大部兵力进攻解放区，妄想以"杀光、烧光、抢光"的三光政策彻底毁灭解放区。国民党反动派与日本侵略者串通一气，把军队开往陕北解放区四周，严加封锁，企图把共产党、八路军和解放区的人民困死在陕北。

　　这时党中央发出了"发展生产，自力更生""自己动手，丰衣足食"的伟大号召，广大边区的军、民、干部热烈响应。359旅除留下一部分同志在抗日前线以外，立即开赴南泥湾，一手拿锄，一手拿枪，大搞生产运动。

　　南泥湾离延安90里路，是一个小山沟，只有几户人家。部队到南泥湾时正是风雪交加的冬天。住，没有房子，就用挖工事的小镐、小铲打窑洞。

　　穿，没有棉衣，就学捻毛线、打毛衣、纺线、织布，没鞋穿就打草鞋。

　　没有粮食吃，就到几十里以外去扛，吃小米稀饭，喝萝卜菜汤，并且还节衣缩食支援农民。

　　生产，没有农具，就跑到十几里路以外去拾废铁，自己打锄头。不管天寒地冻，也不管夏天炎热如火，旅部的首长和战士们同吃同住同劳动，生产干劲冲天。

　　就这样，1942年秋天，南泥湾终于获得大丰收，山沟里、山梁上到处一片金黄。他们一年砍的柴两三年也烧不完。有两首民歌说得好，大生产运动以前的南泥湾是：

一九二九年雨水少，庄稼就像炭火烤。

瞎子摸黑路难上难，穷汉就怕闹荒年。

荒年怕尾不怕头，第二年的春荒人人愁。

掏完了苦菜上树梢，遍地不见绿苗苗。①

而1942年的南泥湾则是，

如今的南泥湾，

陕北的好江南，

鲜花呀开满山。

正是有了这种艰苦奋斗的"南泥湾精神"，陕甘宁边区的军民才渡过了物资缺乏的难关，改善了生活，有力地支持了全国的抗日战争。

艰苦奋斗是我们中华民族的优秀传统，是我们的传家宝，也是每一个革命战士的高贵品质。

---

① 出自《王贵与李香香》，作者李季。

一个革命者有了这种品质就能够战胜各种困难，不断取得胜利。方志敏烈士说："清贫，洁白朴素的生活，正是我们革命者能够战胜许多困难的地方！"

我们青年应当学习和发扬这种精神，它正是我们实现伟大理想必不可少的条件！

我国的广大地区是农村，人口的大多数也在农村。农业是我国国民经济的基础。

有远大理想的青年应当关心农村，为农村的建设贡献自己的力量。在农村的广大青年，更要下定决心，立志通过艰苦创业大展宏图，让全国农村成为繁荣富裕的人间乐园。

真正有理想、有志气的人，就要艰苦创业，把农村建设好。

革命先烈中，不少人是在城市长大的，但是他们毅然舍弃了家庭，离开了学校，走出了城市，到农村去，到前线去。什么时候能再同家人重聚？不知道。能不能活着回来也不知道。每一个参加革命的青年都做好了牺牲的准备——为实现共产主义的伟大理想而献身。那时，斗争是很残酷的，生活上的艰苦更不待说。就是在这种艰难困苦的条件下，战士们依然充满了革命乐观主义精神，为着理想而奋斗。

陈毅的《赣南游击词》记述了当时的战斗生活：

天将晓，队员醒来早。

露浸衣被夏犹寒，

树间唧唧鸣知了。

满身沾野草。

天将午，饥肠响如鼓。

粮食封锁已三月，

囊中存米清可数。

野菜和水煮。

日落西，集会议军机。

交通晨出无消息，

屈指归来已误期。

立即就迁居。

夜难行，淫雨苦兼旬。

野营已自无篷帐，

大树遮身待晓明。

几番梦不成。

天放晴，对月设野营。

拂拂清风催睡意，

森森万树若云屯。

梦中念敌情。

休玩笑，耳语声放低。

林外难免无敌探，

前回咳嗽泄军机。

纠偏要心虚。

叹缺粮，三月肉不尝。

夏吃杨梅冬剥笋，

猎取野猪遍山忙。

捉蛇二更长。

满山抄，草木变枯焦，

敌人屠杀空千古，

人民反抗气更高。

再请把兵交。

引经据典

此词出自陈毅元帅1936年夏所写的《赣南游击词》，1936年夏季，赣粤边地区出现罕见的大雪封山。红军将士整年整月都在野外露宿，大风大雨大雪天都在森林和石洞里度过。游击队的粮食断绝，只能靠摘野果、挖山菜充饥。面对红军游击队的困境，赣南地下党组织群众利用进山砍柴的机会，把大米藏在挑柴的竹杠中，把食盐溶进棉袄里，设法丢在山上，转交给游击队。陈毅元帅在油山秘密据点吃着从山上"捡"来的大米饭，感慨万千，遂作此词。

我们的革命者是以怎样的态度来对待艰苦的革命生活呀！比起他们，我们有什么困难不能克服，有什么艰苦不能忍受？

架起一座通向理想境界的金桥

理想和现实之间的距离，有时看起来竟如同天堑，飞鸟难渡。但是，天堑上是可以架桥的，在理想和现实之间也可以架桥，这桥就是艰苦奋斗。要过河，没有桥，也没有船，怎么办，一种是看着河水叹气，一种是坐在河边等船，还有一种是造船架桥。我们应取后一种态度。

工业、农业需要艰苦奋斗，攻克科学难关也同样需要艰苦奋斗。实现强国复兴是我国历史上的一个新的伟大目标，它同过去的二万五千里长征虽然所处的时代和任务不同，但艰苦奋斗的精神应当是一样的。不脚踏实地奋斗，就不可能取得新的胜利。

要奋斗，就要不怕吃苦，不怕困难。中国人民历来是勤劳勇敢的，素以吃苦耐劳著称于世界。

有些青年认为："自古华山一条路，只有上大学才有前途。"还有些青年一心向往在大城市工作，不愿意在农村和边疆工作。

其实，从事的事业与人民相关，上大学也好，不上大学也好，在城市也好，在农村和边疆也好，条条道路都通向光明的前途。只要国家有前途，我们每个人就有前途；我们的国家搞不好，大家都没有前途。

到大学学习是一件艰苦的费脑子的事情，要攻克科学堡垒，需要付出艰苦的脑力劳动，突破重重难关，经受一次又一次失败的考验。

认为上了大学就可以不艰苦奋斗了，将来可以过优裕舒适的日子，这是没有志气、没有出息的表现，能有什么远大的发展前途呢？

大学是培养人才的地方，没有上过大学的人们通过工作和业余学习也会出人才，而且会涌现出大批的人才。

问题不在于能否上大学，而在于能否勤奋学习。上大学，学习条件好，原是好事，但也可能变成坏事——躺在条件上，自己不努力，结果一事无成。没考上大学，学习条件差，也可能成为好事，激励自己奋发向上，为人民做出贡献。

攀登科学文化高峰，上大学只是一条路，其他的路还多得很，没有路也可以走出路来。我们有广阔的国土，何处不是"英雄用武"之地？我国有十几亿人口，也不可能个个都去做科研工作，多数人还得做工、种地和在各种平凡的岗位上工作，为强国做出自己的贡献。

有志的青年要在艰苦中奋斗，在奋斗中创业，在创业中成长。努力从脚下开拓出一条远行的路，用汗水、智慧和毅力在现实和理想之间架起一座金桥。

唯努力奋斗才能登上高峰

有些青年人把艰苦奋斗理解得很狭窄，局限于繁重的体力劳动和日常的生活条件，以为艰苦奋斗就是流大汗和生活上苦一些，看到一些科学家、文学家、艺术家生活条件比较优越，就误以为他们的工作很轻闲。

这种理解是不符合实际情况的。"绞脑汁"的脑力劳动也是一种极艰苦的劳动，任何脑力劳动的成果都要经过长期的艰苦奋斗。未来，体力劳动会减少，但脑力劳动并不会减轻。社会越向前发展，脑力劳动的作用就越重要。

登泰山，一日可上，登珠穆朗玛峰，数月可上，而攀登科学文化高峰，则需耗费数年、十几年以至毕生的精力。

把"天才"的桂冠戴在某些经过艰苦奋斗而取得巨大成果的杰出科学家、文学家和艺术家头上，也是可以的，但如果用"天才"来解释他们获得成功的原因，并以此掩盖他们的艰苦奋斗，是片面的。

鲁迅说："哪里有天才，我是把别人喝咖啡的工夫都用在工作上。"爱迪生说："天才是百分之一的灵感加百分之九十九的汗水。"华罗庚说："天才在于积累，聪明在于勤奋。"古今中外，试问有哪一个"天才"是一步跨上科学文化高峰的呢？

攀登科学文化高峰，要经历一条极其艰难困苦的道路。一部科学技术史，就是一部艰苦奋斗史。

第一，科学工作是一项艰苦的劳动，有些发明创造，需要数代人的共同努力。

试以中国古代关于圆周率的计算为例。圆的周长与直径之比叫作圆周率（通常用希腊字母 π 来表示）。它的前若干位数字是3.14159……可以无限地求下去。

早在西汉的《周髀算经》中就有"圆径一而周三"的记载，即 $\pi=3$。三国时魏人刘徽，对 π 值进行了长期的研究，指出"周三径一"的近似性，而不是精密的圆周率值，进而创立了"割圆术"。

引经据典

《周髀算经》原名《周髀》，是中国最古老的天文学和数学著作，约成书于公元前1世纪，主要阐明当时的盖天说和四分历法，在数学上的主要成就是介绍并证明了勾股定理。《周髀算经》采用最简便可行的方法确定天文历法，揭示日月星辰的运行规律，囊括四季更替，气候变化，包含南北有极、昼夜相推的道理。

他看到"周三径一"是圆内接正六边形的周长与直径之比，从圆内接六边形算起，逐步倍增边数，经过艰苦而繁重的推算，一直算到正192边形，得到一个新的圆周率值3.1410，仍不认为这是问题的结束。

他说："割之弥细，所失弥少，割之又割，以至于不可割，则与圆合体，而无所失矣。"就是说，无限地求下去，

正多边形就变成了圆，正多边形的面积也就变成了圆的
面积。

这种看法已经包括了极限思想的萌芽。到了南北朝，祖冲
之继续推算圆周率值，付出了更加巨大而艰苦的劳动，从圆内
接正六边形算起，一直算到圆内接正24576边形，每求一值，
要把同一运算程序反复进行12次，而每一次运算程序中，又包
括对9位数字的大数目进行加、减、乘、除以及开方等11个步
骤。最后他求出了π在3.1415926和3.1415927之间，创造了当
时世界上最高的水平，保持了将近1000年的最精确记录。

第二，在科学研究的探讨上，要不怕危险。富兰克林关于
"捕捉雷电"的实验，即物理学史上有名的"费城实验"，就是
一个很好的例证。

所谓"捕捉雷电"，就是通过某种方法把天空中云所带的
电引导下来，加以收集，有目的地进行观测和研究。

这是电学发展史中对电性认识有着重大作用的一次科学
实验。

在18世纪当时的条件下，这是一件难以想象的、极不寻常
的，甚至要冒生命危险的事情。富兰克林出身于印刷工人，10

岁就开始做工，12岁时当了印刷所徒工和卖报童。

1746年，当他40岁的时候，在北美洲的波士顿城看到别人所做的有关电学的实验，引起了他的注意和兴趣。

在朋友阿林逊的帮助下，他弄到了一件电学实验器具、一根玻璃管和用以做实验的说明书，开始做起电学实验来，在电学史上第一次分出"阳电"和"阴电"。

在实验中，他还发现带有不同性质电的两物体接触时，都能发生明显的电火花。经过反复观察、对比、分析，他认为天空的雷鸣闪电同摩擦产生的电是一致的，写了《论闪电和电气之相同》一文。为了证明这一判断，他决定从天空把雷电"捕捉"下来。

1752年7月的某一天，富兰克林冒着生命危险大胆地在费拉德尔菲亚城进行了这个实验。当天空乌云翻滚、雷声隆隆，大雨即将来临时，他和他的儿子将一个带有铁丝尖端的丝绸做的风筝放上了高空①。

风筝用麻绳牵引，在绳的末端拴上一个金属钥匙，再在钥

---

① 后来的实验证明如果本杰明·富兰克林真的把手靠近导下了雷电的钥匙，他将会被直接电死。但没有争议的是富兰克林发明了避雷针。

匙孔里拴上一根丝带，人站在茅草棚檐下，以免雨水淋湿丝带，使电传到人身上。等到大雨倾盆，带着雷电的云来到风筝上空时，风筝立即从云中导下了电，绳索上原来松散的纤维全向四周直立起来，同实验室中使皮毛带电的情况一模一样。

他将钥匙接触莱顿瓶（当时储电用的器具），使莱顿瓶充电，将雷电储存起来，进行各种电气实验，证明了从天空"捕捉"来的电同人工摩擦所产生的电是一样的。这就打破了"静电"和"动电"是绝对分割开来的陈说与"天电"是"上帝之火"等神秘观念。

但是，富兰克林的这个新贡献并没有立即被科学界所接受，在英国和法国都遭到了某些权威人士的攻击、怀疑和反对，甚至连文章也未能发表。后来又经历了一番艰难曲折的斗争，并重复演习了富兰克林所做的"费城实验"，富兰克林的见解才逐渐为欧洲的科学家们所公认。

第三，在科学前进的道路上，要敢于坚持真理。

历史上这类事例也很多，最著名的是哥白尼关于太阳系的学说"太阳中心说"同托勒密的"地球中心说"的斗争。

以托勒密为代表的地心说，认为宇宙是一个有限的中空的球体，地球不动，居于宇宙中央，月亮天、水星天、金星天、太阳天等10个球形的"天层"套着地球，日月星辰都围绕着地球旋转，并认为恒星天以外的"天层"是神的住处。

由于它的主要内容符合宗教教义，受到教会和封建统治阶级的支持，成为西方古代唯心主义宇宙观的一个支柱，统治了1300多年。

公元16世纪，波兰天文学家哥白尼，在《天体运行论》一书中提出了"太阳中心说"，第一次大体上描绘了太阳系结构的真实图景，沉重打击了作为宗教神学工具的地心说，动摇了上帝创造世界的神话，触动了封建统治阶级的利益，立即遭到教会势力的恶毒攻击，并把《天体运行论》列为禁书。

继哥白尼之后，一些科学家勇敢无畏，不断把"太阳中心说"推向前进。

意大利人布鲁诺，就是最突出的代表。在宗教势力的迫害下，他先后流亡瑞士、法国、英国、德国等地，积极宣传"太阳中心说"，发表了《论无限、宇宙和众多世界》等著作，认为宇宙是统一的、物质的、无限的、永恒的，有无数个像太阳系这样的星系，宇宙没有中心，太阳不过是太阳系的中心，是宇宙中一颗普通的恒星。

罗马宗教裁判所把他逮捕起来，囚禁8年，严刑拷打，强迫他放弃"太阳中心说"的观点，但他英勇不屈。

当宗教裁判所对他判处火刑时，在他生命的最后一刻，布鲁诺还同反动势力进行坚决斗争，并蔑视地说："你们对我宣读判词，比我听到判词还要感到畏惧。"

1600年2月17日，布鲁诺被烧死在罗马鲜花广场，为捍卫科学真理而英勇献身。

后来，哥白尼的学说被开普勒等人所证实。到1882年连罗马教皇也无可奈何地承认了"太阳中心说"。经过了长达300年的激烈斗争，哥白尼关于太阳系的学说才最后取得胜利。

第四，要把科学技术不断推向前进，还必须克服旧的传统思想和习惯势力的阻力。

例如：18世纪末，人类历史上第一次出现了火车头——蒸汽机车，开创了陆上交通运输工具的革命。但当它刚出现在世界上时，受到旧的传统思想和习惯势力的阻挠，种种讥笑、责难和压制使得蒸汽机车的正式诞生经历了一段艰难曲折的过程。

蒸汽机车是以英国工人斯蒂芬孙为代表的一些当时在科学界完全不知名的实践家、工作革新者所创造出的产物。

开始时，钟表匠出身的瓦特和邱诺等人曾沥尽心血试制过蒸汽功力车，特列维蒂克和赫得里等人也都刻苦钻研试图制造"火车头"。

当时制造出来的车头，没有很大的实用价值，只能拖十来吨货物，每小时只能行走几公里，而且常出故障，于是有些人便责难非议，讥笑它比马车还不如，这个初生的幼芽暂时被压制住了。

斯蒂芬孙是煤矿工人的儿子，8岁时就给人家放牛，14岁时跟着父亲到煤矿做工，从小未上过学。但他勤奋学习，刻苦钻研，坚持从事蒸汽机车的研制，于1814年造出了一台初步具有使用价值的蒸汽机车——"旅行者号"，能拖重物30吨左右，每小时走6到7公里。

由于许多细节问题还没有来得及解决，在试行中发生了一点事故，更遭到传统势力的极力反对，他们甚至断言将蒸汽机用作交通工具是不可能的。

但斯蒂芬孙没有因挫折而沮丧，也没有被喧嚣的指责吓倒，经过十余年的实验，终于在1825年，"旅行者号"试车时拉车厢30多节，时速达20多公里，拖载重物近百吨，还载有400多名乘客，完成了40公里的路程。

　　铁路两旁人山人海，有的人还骑马追随火车奔驰，为蒸汽机车的正式诞生而欢跃。

　　传统势力的反对虽然没有就此停止，但越来越无法阻挡这一陆上交通运输工具的革命洪流了。

　　世界第一条客运铁路——从英国的利物浦到曼彻斯特，于1830年9月通车，接着，在英国的各大城市之间，在欧洲大陆，在世界各地，一条条铁路都修建了起来。

　　以上只是从几个方面列举了一些具体例子，其实这种事例在科学史上是举不胜举的。

　　攀登科学文化高峰，攻克科技难关，必须要艰苦奋斗，这一条在任何情况下都是不会改变的。艰苦奋斗，是事业获得成功的一条普遍规律，也是事业成功的最根本的内在因素。

　　"世之奇伟、瑰怪、非常之观，常在于险远。"

◢ 引经据典 ◣

出自北宋王安石的《游褒禅山记》——王安石在辞职回家的归途中游览了褒禅山后，以追忆形式写下的一篇游记。王安石年轻时力推变法却遇重重阻碍。他也深知改革不可能一帆风顺，要成功，"志、力、物"缺一不可，但"物"与"力"不可强求，能做的只有"尽吾志"。"尽吾志"思想正是王安石后来百折不挠实行变法的思想基础。

在攀登科学文化高峰时也是这样。一项科学上的发明创造，会使人们省力和节省时间，造福人类，但是进行一项发明创造，需要科学工作者们花费大量的时间和精力。

历史上杰出的科学家们，他们的伟大贡献是属于全人类的，是人类的骄傲。他们在科学道路上坚持真理、无畏奋斗的精神，永远值得我们学习。

在奋斗中成长

奋斗不仅是实现伟大理想的必由之路，而且对于青年的成长有特别重大的意义。

"宝剑锋从磨砺出，梅花香自苦寒来。"一个真正有理想的人，有志气的人，有作为的人，要在艰苦奋斗的环境中，才能锻炼出来。

人生的道路并不是一帆风顺的，有顺境，也有逆境，正如船行江上有顺风也有逆风一样。在人才的成长上，一帆风顺并不一定是好事。古人说："生于忧患，死于安乐。"这话是很有些辩证法的道理的。

对忧患和困苦，古来许多人都视为畏途，其实这正是锻炼人的好机会。忧患、困苦是一块磨刀石，有志气有抱负的人绝不在忧患、困苦面前唉声叹气，而要把生命之剑在这块磨刀石上磨得更加锋利。

孟轲说："故天将降大任于是人也，必先苦其心志，劳其筋骨，饿其体肤，空乏其身，行拂乱其所为，所以动心忍性，曾益其所不能。"

• 青史留名 •

孟轲即孟子，名轲，字子舆，邹国（今山东邹城东南）人。战国时期哲学家、思想家、教育家，是孔子之后、荀子之前的儒家学派的代表人物，与孔子并称"孔孟"。

这段话的大意是说："天"将要把重大任务落在某人身上，一定先使他的心志经受苦难，使他的筋骨经受风霜，使他的肠胃经受饥饿，使他的身体经受穷困，使他的行为总是不能如意，这样，就可以震动他的心意，冶炼他的性情，增强他的能力。

孟轲认为"天"要使某人担当"大任"之前，先要使他受到各种磨炼。

恩格斯在年轻时曾写过一首热情奔放的诗：

一股汹涌的洪流，

呼啸着独自奔出山谷，

松树在它面前轰然倒下，

它就这样给自己冲开一条大道，

　　我也将和这股山洪一样，

　　给自己开辟一条道路。

　　我们在前进的道路上，必然还要遇到许多困难。我们是用百折不回的革命意志去克服困难，还是在困难面前低头，怨天尤人呢？

　　这就是对我们的一个考验。如果缺乏艰苦奋斗的精神，那么，面对一个小小的困难，都会把它看得像一座无法攀越的高山，因而踌躇不前，难以前进。

　　艰苦奋斗的精神不仅在过去艰苦的年代需要，在今天仍然需要，将来任何时候也都需要。

　　谁要前进，就要有艰苦奋斗的精神，只是艰苦奋斗的内容与方式和过去有所不同罢了。

　　雷锋曾在日记中写了以下一段话勉励自己：

　　雷锋同志：

　　愿你做暴风雨中的松柏，

　　不愿你做温室中的弱苗。

我们同样应当以雷锋勉励他自己的话来勉励我们自己。

工作应勤恳，生活要俭朴

　　艰苦奋斗的精神，反映在工作上，就是非常勤恳；反映在生活上，就是十分俭朴。徐特立同志曾说："俭朴生活，不但可以使精神愉快，而且可以培养革命品质。"

　　马克思在生活上是非常艰苦的，甚至当了上衣去买稿纸。当《政治经济学批判》这本书写成以后，竟穷到没有钱买邮票把它寄到柏林去出版。

　　马克思给恩格斯的一封信中说："我的状况已经到了这种有趣的地步；我不能再出门，因为衣服都在当铺里，我不能再吃肉，因为没有人肯赊账了。"

　　但是，马克思绝不肯，也没想过为了个人的家庭生活的优裕向资产阶级低下头来。按他的学识和才能，本来可以在"上流社会"得到一个收入富裕的职业。然而，他并没有选择过那种人生。

他为自己选择了一条艰苦的道路，他把自己的学识和才能全部贡献给无产阶级。为了无产阶级的彻底解放，他对困苦俭朴的生活，甘之如饴，泰然处之。

恩格斯在马克思死后，独自担负着全世界无产阶级革命的领导重担，并且还要担负起《资本论》第二卷、第三卷的整理和出版工作，工作极其繁重，但他的精力仍然十分充沛，他70多岁的时候，还在努力学习罗马尼亚文。

列宁在任何情况下都是勤劳工作的，即使在监狱中，也同样孜孜不倦地进行革命工作。为了对付看守的搜查，他用牛奶当作墨水，用旧报纸当作稿纸，写了许多书信和传单，还写了不朽的巨著《俄国资本主义的发展》，指导革命斗争。

在伟大的十月革命的日子里，他更是长时间地夜以继日地辛勤工作着，刚指挥起义军攻下冬宫，仅在一个同志家里稍微躺了几小时，就起来起草土地法令。

列宁的生活不论在十月革命胜利前还是胜利后，都是极其节俭的，是和人民同甘苦、共患难的。

养成艰苦奋斗的作风、勤俭的作风，并且能长期坚持下去，这是不容易的，特别在和平建设时期，生活条件日益优裕的时候，更是如此。

一个人的生活方式和他的志向是有密切关系的。热衷于吃喝玩乐的人，在生活上任意挥霍浪费的人，是不会有大志的。

虽然我们不能够从一个人的生活中看出他的全部志向，但至少一个人的志向总会在他的生活上透露出一些"消息"来。

鲁迅曾说过："生活太安逸了，工作就被生活所累了。"这话讲得十分深刻。如果一个人由勤俭而逐渐变得挥霍浪费起来了，心思终日用在吃喝玩乐上了，就是他的人生壮志逐渐泯灭和思想逐渐蜕化的信号。

第二节　幸福的真谛

讲奋斗问题，不免要讲到幸福问题。幸福和艰苦奋斗两者是统一的，并不是两个互不相容的概念，恰恰相反，幸福正是奋斗出来的。怎样正确看待幸福问题，对于培养艰苦奋斗精神来说，是很必要的。

那么，什么是幸福呢？有人认为"幸福＝吃得好＋穿得好＋住得好＋玩得好"，说什么"个人物质生活的好坏，是幸福与否的唯一标志"。

幸福的真谛是什么？果真只是个人物质生活的享乐吗？

法国科学家居里夫人在1879年的日记中写道："我们必须吃、喝、睡觉，必须玩乐、恋爱，接触生活中最甜蜜的东西，但是不应该受它们支配，同时，除去这些以外，在我们可怜的头脑中占优势的，必须是一个终身全力追求的崇高的理想。必须有生活的梦想，并把这个梦想变成现实。"

我们具有远大的理想和崇高的生活目的，绝不能沉湎于追求个人舒适的物质生活。

鸡、鸭、鱼、肉、海参、鱼翅，固然味道鲜美，但当我们想到有些人的生活还很困苦，对这些东西便不会去津津乐道，甚至会食之无味，不屑一顾。

相反，虽然是粗茶淡饭，但是为自己和国家的理想努力着，又何愁粗淡之有！而这些，对于一部分人来说，是不可理解的。

同样的道理，日日花天酒地、游戏人生，这对有的人来说，自然是"幸福"了；但对有崇高理想的人来说，看到这些反而会不适。

难道我们的感官和他们不同吗？一样的眼睛，一样的耳朵，一样的鼻子，这些并没有什么不同，所不同的是思想感情，是追求什么。一个人追求什么，思想感情寄托在什么上，他便会感到什么是幸福。

有人把个人享乐当成最大的幸福。我们则把为理想而奋斗当作最大的幸福。

关于幸福问题的全部秘密，就在于此。把自己物质生活的好坏当作幸福与否的第一标志，不承认不同的人有不同的幸福观，那是不对的。

有人说："到了共产主义，物质生活水平不是要极大地提高吗？追求个人物质享乐有什么不对呢？离开了自己生活的享乐来谈崇高的共产主义理想，谈艰苦奋斗，那是一种菲薄肉体生命的虚无主义。"

大家都知道，劳动创造世界，也创造了人类本身，没有劳动就没有人类社会，就没有社会生产的发展，哪还有什么幸福的生活？

未来社会，生产力高度发展，人们的思想觉悟、科学文化程度和生活水平都有极大的提高，脑力劳动和体力劳动的差别消失，人类认识世界和改造世界的能力将有很大的发展，改造沙漠、开发海底、征服宇宙……那时，将会把劳动（包括最先进的劳动工具）提到人类历史上前所未有的高度。

以为到了科技发达的未来就不需要任何艰苦的劳动了，只要按按电钮，什么东西都会自天而降，现成地摆在面前，只为尽量满足人们享乐的私欲，人的一切器官都成为极度享乐的工具。

如果按照这种观点，人的本身将会发展成什么样子呢？大概嘴巴特别发达，舌头上的味觉神经一定很多；眼睛和猫头鹰一样，在灯红酒绿的宴会上，目光炯炯，大放光明，而白天在劳动的田野上却什么也看不见，手完全退化了，脚也不会走路，光会跳舞，大脑完全萎缩。

于是，人就变成了古怪的生物。青年们，这还有什么人类？这是人类的毁灭，这是真正的悲剧和痛苦。

高尔基说："我知道什么叫劳动：它是世界上一切欢乐和美好事情的源泉。"在任何时候人类都需要劳动，取消了劳动就意味着人类的消亡。

共产主义社会之所以美好，是因为在那种社会里，消灭了阶级，消灭了剥削和压迫，消灭了城乡差别、工农差别、体力劳动和脑力劳动差别，消灭了愚昧，社会生产力和文化高度发展，实现了"各尽所能，按需分配"的原则，人民的聪明才智和创造力可以充分发挥出来。

人永远要劳动，社会永远要前进，科学技术永远要向前发展，人民的生活水平永远要不断提高，我们永远要有艰苦奋斗的革命精神，只是到了共产主义社会，那时的艰苦奋斗，在内容、形式和程度上与今天有所不同罢了。

难道这是虚无主义吗？如果说对个人物质生活享乐不孜孜以求就是"虚无主义"，那么，我们正需要这种所谓的"虚无主义"。这种单纯对追求个人生活享乐的蔑视，正是我们崇高的革命精神的表现。

有人说："劳动所得，光荣享乐，只要不剥削别人，凭自己劳动所得的收入总可以随我恣意享乐一番的。"应当怎样看待这个问题呢？

第一，"劳动所得，光荣享乐"，一般说来无可非议，但恣意挥霍劳动所得，也没有什么引以为荣的。

第二，有志者应当经常想到广大人民的生活，不应当光顾自己的享乐。我们的劳动是为了建设我们伟大的国家，为人民谋福利。"劳动所得，光荣享乐"思想的实质，就是把个人的享乐当成劳动的目的。这是一种格局较为狭隘的人生观。

第三，有个成语叫作"欲壑难填"，有限的劳动收入怎能满足个人享乐难填的欲壑呢？事情总是要发展变化的，如果放任追求个人享乐的思想发展下去，过些时候就可能是损人利己，再过些时候，如果有适当的土壤和条件，甚至可能走上贪污盗窃的犯罪道路。

这不是危言耸听，在现实的生活中不是有许多这样的实例吗？有人说："请你放心，我能把追求个人享乐控制在劳动所得的范围内。"不过我还要奉劝这些青年朋友：我相信你说的是真心话，但是这样的保证就如同有病不治，却在空口说"我一定能够控制病情不发展"一样。

第三节 为"大我"的幸福而奋斗

我们一代代为祖国奋战的先辈们的幸福观是什么呢？就是要为人民的利益而奋斗，为真理而奋斗。"只有奋斗可以给我们出路，而且只有奋斗可以给我们快乐。"

· 青史留名 ·

此句是恽代英名言。恽代英是中国无产阶级革命家，中国共产党早期青年运动领导人之一，黄埔军校第四期政治教官。恽代英在学生时期积极参加革命活动，是武汉地区五四运动主要领导人之一，曾创办利群书社，后又创办共存社，传播新思想、新文化和马克思主义。他创办和主编的《中国青年》培养和影响了整整一代青年。1931年，恽代英于江苏南京遇害，年仅36岁。

奋斗是幸福的源泉

为人民的利益而奋斗，为真理而奋斗，是我们幸福的源泉。人们渴望幸福，但是幸福不会凭空而降。

原始社会里，人们靠着同自然的斗争，争得不"茹毛饮血"、不"穴居野处"的幸福，学会畜牧和耕种庄稼。

人类社会的历史是一部阶级斗争以及同自然做斗争的历

史，也是通过人民的奋斗创造幸福的历史。

人们有了这种幸福观，就有了崇高的精神境界。

毛泽东在《长征》诗中写道："红军不怕远征难，万水千山只等闲。五岭逶迤腾细浪，乌蒙磅礴走泥丸。金沙水拍云崖暖，大渡桥横铁索寒。更喜岷山千里雪，三军过后尽开颜。"

这首诗表现了红军为了革命的胜利以苦为乐的英雄气概。在长征途中，生活条件是极端艰苦的，为什么他们会有这样的英雄气概呢？

因为他们知道，长征向全世界证明了：红军是英雄好汉，蒋介石军队的围追堵截破产了；长征，在11个省的人民群众中撒下了革命种子，将来是要开花结果的。因为他们相信，自己所走的道路是正确的，眼前的艰苦奋斗是会给人民带来丰硕的成果的，对自己的成长也是一个极好的锻炼。所以，他们能感受到在奋斗之中的幸福。

历史上一些杰出的科学家、文学家、艺术家对这个问题也有着深切的体会。

达·芬奇说："劳动一日，可得一夜的安眠；勤劳一生，可得幸福的长眠。"

契诃夫说："人生的快乐和幸福不在金钱，不在爱情，而在真理。"

居里夫人说："科学的探讨研究，其本身就包含有至美，其本身给人的愉快就是酬报，所以我在我的工作里面寻得了快乐。"

《钢铁是怎样炼成的》这本书的作者奥斯特洛夫斯基，许多青年是比较熟悉的。

英文《莫斯科日报》的记者在访问他时，向他提出一个问题："请您告诉我，您很痛苦吧？您想，您是盲人哪。躺在床上不能动许多年了。难道您一次也未曾想到自己失去了的幸福，想到永远不能恢复看东西、走路，而为此感觉失望吗？"

奥斯特洛夫斯基微笑着回答说："我简直没有时间想这些。幸福是多方面的。我也是很幸福的。创作产生了无比惊人的快乐，而且我感觉出自己的手也在为我们大家共同建造的美丽楼房砌着砖块，这样，我个人的悲痛便被排除了。"

幸福寓于奋斗之中

有的青年说："奋斗最终会给人们带来幸福，这固然是对的，但无论如何，奋斗的过程总是痛苦的。与天斗，与地斗，要披荆斩棘，开山辟岭，焉得不苦！与敌人斗，不免要流血牺牲，焉得不苦！"

我们说奋斗就是幸福，不仅是奋斗取得最后胜利成果才算幸福，在奋斗过程中也是幸福的，幸福出于奋斗之中。这是因为：

第一，为人民的利益而奋斗的过程就是实现我们理想和志向的过程，也是幸福逐渐增长的过程。在中国革命过程中，经过了长期艰苦的武装斗争，中国共产党才夺取了全国的政权，我们能说在新中国成立以前，二十几年的革命斗争只有痛苦而没有幸福吗？

这样，又如何解释我们的解放军战士在许多战役胜利后因歼灭了敌军而欢呼雷动呢？在他们眼中，消灭了敌人就是幸福。

他们的幸福感产生于对共产主义伟大理想的强烈追求，产生于对侵略者、对敌人的仇恨和对祖国、对劳动人民的热爱，为此，即使牺牲自己的一切，也在所不惜。抛头颅，洒热血，视死如归，出现了像刘胡兰、董存瑞、黄继光等数不清的可歌可泣的壮烈事迹。

几代青年的壮志都是把中国建设成为伟大的社会主义现代化强国，我们的一切奋斗，都是为了实现这个崇高目标。我们能参加中国历史上这一伟大的实践，难道不是最大的幸福吗？

第二，为人民的利益而奋斗，是为人民服务的具体体现。

1835年秋天，年仅17岁的马克思在题为《青年在选择职业时的考虑》的毕业论文中写道："如果我们选择了最能为人类而工作的职业，那么，重担就不能把我们压倒，因为这是为大家作出的牺牲；那时我们所享受的就不是可怜的、有限的、自私的乐趣，我们的幸福将属于千百万人。"

雷锋在自己的日记中也写道："我觉得，一个革命者就应该把革命利益放在第一位，为党的事业贡献出自己的一切，这才是最幸福的。"

他又写道："愿在暴风雨中、艰苦的奋斗中锻炼自己，不愿在平平静静的日子里度过自己的一生。"

雷锋正是这样做的，他用自己的行动书写了自己光辉的历史。

许多人在极艰苦的环境中，对工作仍然意气风发，斗志昂扬，充满乐观主义精神，就是因为他们认识到自己从小的艰苦奋斗的事业是为人民服务，是人民的希望和利益所在，所以心里就充满着温暖和愉快，洋溢着幸福。

第三，为人民的利益而奋斗，是一个造就人才的大熔炉。它使人从小受到教育，在改造客观世界的过程中，也改造着人的主观世界。

为人民的利益而奋斗，能提高人的觉悟，能提高人的思想认识水平，能使懦弱者变得勇敢，愚钝者变得聪明，意志脆弱者变得坚强，胆小者变成大无畏的勇士。

奋斗可以锻炼人，使人"百炼成钢"；奋斗可以改造人，使人"脱胎换骨"。离开为纯粹的理想而奋斗，人就要变得懦弱、愚昧、自私。

陈毅在《题西山红叶》中写道："西山红叶好，霜重色愈浓。革命亦如此，斗争见英雄。"

在国内革命战争和抗日战争中，涌现出大量的革命志士。在社会主义建设的伟大进程中，已经造就并将继续造就大批强国复兴的接班人，造就出人类历史上具有崇高的精神面貌和高度科学文化水平的一代新人。

为中华民族的伟大复兴而奋斗，为真理而奋斗，是我们幸福的源泉。我们的理想在这里，我们把自己一生的全部精力和时间都贡献在这里，我们自己也在奋斗中锻炼成长。

在奋斗中牺牲了，还谈得上幸福吗？

有人说："为人民的利益而奋斗有时难免要有牺牲，人死了是最大的痛苦，还谈得上什么幸福？"我们应当怎样认识这个问题呢？

如果我们在世界观上解决了"在为人民的利益而斗争中，即使牺牲了，也是幸福的"这个问题，那我们才能彻底地理解革命志士的生死观。

李大钊曾说："绝美的风景，多在奇险的山川。绝壮的音乐，多在悲凉的韵调。高尚的生活，常在壮烈的牺牲中。"

引经据典

此句出自李大钊短文《牺牲》，写于1919年李大钊30岁时。1927年4月28日，李大钊被奉系军阀绞杀，时年38岁。

1922年1月，黄爱在湖南被军阀赵恒惕杀害，敬爱的周总理为此写下了一首《生别死离》的悼诗，表达了他的革命的生死观。诗的全文是：

　　　　壮烈的死，
　　　　苟且的生。
　　　　贪生怕死，
　　　　何如重死轻生！

　　　　生别死离，
　　　　最是难堪事。
　　　　别了，牵肠挂肚，
　　　　死了，毫无轻重，
　　　　何如做个感人的永别！

　　　　没有耕耘，
　　　　哪来收获？
　　　　没播革命的种子，

却盼共产花开!

梦想赤色的旗儿飞扬,

却不用血来染它,

天下哪有这类便宜事?

坐着谈,

何如起来行!

贪生的人,

也悲伤别离,

也随着死生,

只是他们却识不透这感人的永别,

永远的感人。

不用希望人家了!

生死的路,

已在各人前边。

飞向光明,

尽由着你!

举起那黑铁的锄儿,

开辟那未耕耘的土地；

种子撒在人间，

血儿滴在地上。

本是别离的，

以后更会永别！

生死参透了，

努力为生，

还要努力为死，

便永别了又算什么？

• 青史留名 •

黄爱，湖南常德人，湖南工人运动领袖。五四运动爆发后，他积极参加反帝爱国斗争。曾与周恩来一同战斗。1920年经李大钊介绍去上海《新青年》杂志社工作，得以阅读大量革命文章，决心从事工人运动，并得到陈独秀的赞许。1920年结识毛泽东、何叔衡等，并与老战友庞人铨等，发起组织湖南劳工会。1922年湖南第一纱厂工人发动大罢工，组织大规模游行示威。民国政府派军警包围劳工会，将黄爱、庞人铨逮捕。同年黄爱被杀，时年25岁。

周恩来写这首诗的时候，是24岁。作为一个青年共产主义者，他"参透"了也就是认清了生与死的关系，为了"共产花开"，"赤色的旗儿飞扬"，他鄙视"苟且的生"，宁愿"壮烈的死"。这种崇高的共产主义精神，不是很值得我们学习吗？

死，对于一个贪生怕死的人来说，是一个无比可怕的绝望的深渊。对于一个真正的革命者来说，正如歌剧《洪湖赤卫队》中韩英在敌人牢狱中所唱的，"为革命，砍头只当风吹帽"，没有什么了不起。

在本书第一章中所举的方志敏烈士在狱中写的诗和陈然烈士在敌人法庭上写的《我的"自白书"》，也都说明了我们的烈士既没有在死亡面前发抖，也没有为自己的青春叹息。

相反地，"对着死亡我放声大笑""高唱凯歌埋葬蒋家王朝"，这是何等伟大的英雄气概！人终有一死，死有"重于泰山"，有"轻于鸿毛"，为革命而死，为共产主义而死，就是死得其所。

在革命战斗中，一个人倒下去，千百万人站起来。雷锋牺牲了，还有千百万活着的"雷锋"仍奋战在各个工作岗位上。

有些人总把生与死作为幸福与痛苦的不可逾越的疆界，把死当作是最大的不幸与痛苦。其实，生与死的问题从来就不是幸福与痛苦的根本问题。

南宋文学家文天祥曾说，"鼎镬甘如饴，求之不可得"。夏完淳言："人生孰无死，贵得死所耳。……含笑归太虚，了我分内事。大道本无生，视身若敝屣。但为气所激，缘悟天人理。恶梦十七年，报仇在来世。神游天地间，可以无愧矣！"

• 青史留名 •

夏完淳，明末诗人、抗清英雄。其父夏允彝为江南名士。他的老师陈子龙是抗清将领。夏完淳自幼聪慧，"五岁知五经，七岁能诗文"，14岁从军征战抗清。弘光元年其父江南领兵激战，战败自杀殉国后，夏完淳和陈子龙继续抗清，兵败被俘，不屈而死，年仅17岁。

我国古代许多英雄志士为了自己所从事的事业，犹能"视身若敝屣"，把身陷鼎镬看得甘之如饴，在我们为崇高的共产主义理想而奋斗的时候，怎能认为"人牺牲了还谈得上什么幸福"呢？

我们要懂得这样一个道理：一个真正的奋斗者不是为个人吃饭活着，除了物质生活和肉体生命以外，还有伟大的精神生活。

离开人的伟大精神生活来谈幸福，就永远不会懂得幸福，也永远得不到幸福。精神生活低下的人，即使物质生活再好，也不过是一个渺小的人，真正是痛苦与可悲的人。马克思曾说："英雄的死亡与太阳的西落相似，而不像青蛙鼓胀了肚皮因而破裂致死那样。"

我们活着，不应眼睛盯着几个钱和混个肚儿圆，而应该为一个伟大的理想活着。我们把自己的生命看得很宝贵，我们也很爱我们的青春，我们要把自己的生命和青春献给真理和理想，决不在浑浑噩噩的生活中浪费一点一滴。

只有将我们的生命、我们的青春和人类伟大的事业融合在一起的时候，我们短促的生命与青春才能变得伟大而有意义。

让我们来读读高尔基不朽的名著《海燕之歌》：

在苍茫的大海上，狂风卷集着乌云。

在乌云和大海之间，海燕像黑色的闪电高傲地飞翔。

一会儿翅膀碰着波浪，一会儿箭一般地直冲向乌云，

它叫喊着，

…………

"暴风雨！暴风雨就要来啦！"

这是勇敢的海燕，在怒吼的大海上，在闪电中间，高傲地飞翔。这是胜利的预言家在叫喊：

"让暴风雨来得更猛烈些吧！"

这写的是过去暴风骤雨的革命年代，许多伟大生命就像这

暴风雨中的海燕一样"高傲地飞翔"。

今天在各种困难的波涛中，我们也要像勇敢的海燕那样，在闪电中间，在怒吼的海面上，振翅飞去。

我们的幸福，就在闪电中间，在怒吼的海面上……